国家自主贡献中的洪旱
适应政策评估

崔惠娟　于　飞　黄鹤飞　著

气象出版社
China Meteorological Press

内容简介

随着全球温度不断升高,不同程度的洪涝和干旱灾害频发,人民生命和财产安全受到了严重威胁,适应气候变化迫在眉睫。《巴黎协定》在设置到 21 世纪末将全球温升控制在 2 ℃和 1.5 ℃以内目标的同时,也设置了提高应对气候变化韧性的适应目标。然而,国际社会对适应的关注不如减排,当前由于适应评估体系的欠缺,对适应政策和措施是否全面与适用缺少定量评估。本书汇总了过去 60 年来全球洪水造成的经济损失和农业干旱的损失状况,预估了未来风险,在此基础上提出了洪水和干旱灾害风险适应评价框架,对《巴黎协定》各缔约方的国家自主贡献中洪水和干旱相关的适应措施的全面性进行了评估。

图书在版编目(CIP)数据

国家自主贡献中的洪旱适应政策评估 / 崔惠娟,于飞,黄鹤飞著. -- 北京:气象出版社,2024. 7.
ISBN 978-7-5029-8252-2

Ⅰ. P426.616

中国国家版本馆 CIP 数据核字第 2024U77Q76 号

国家自主贡献中的洪旱适应政策评估
Guojia Zizhu Gongxian zhong de Honghan Shiying Zhengce Pinggu

出版发行:气象出版社

地　　址:北京市海淀区中关村南大街 46 号　　**邮政编码:**100081

电　　话:010-68407112(总编室)　010-68408042(发行部)

网　　址:http://www.qxcbs.com　　**E-mail:**qxcbs@cma.gov.cn

责任编辑:蔺学东　王　聪　　**终　审:**张　斌

责任校对:张硕杰　　**责任技编:**赵相宁

封面设计:艺点设计

印　　刷:北京建宏印刷有限公司

开　　本:787 mm×1092 mm　1/16　　**印　张:**6.5

字　　数:130 千字

版　　次:2024 年 7 月第 1 版　　**印　次:**2024 年 7 月第 1 次印刷

定　　价:60.00 元

洪水和干旱是主要的自然灾害,长期以来给人类带来了巨大的经济损失和人员伤亡。气候变暖增加了全球大部分地区洪水和干旱的强度及频率,导致灾害风险加剧,给全球社会和经济等方面带来了严峻的挑战,减缓和适应是人类应对气候变化的主要方向。而在全球升温仍将持续且减缓无法短期内奏效的背景下,提高适应能力成为必然的选择。构建一个全球气候变化适应体系,采取合理的适应措施,可以减少洪水和干旱带来的经济损失和人员伤亡,对促进经济和社会的可持续发展具有重要的意义。

本书根据气候类型和行政边界对全球陆地区域进行分区,汇总了过去60年来全球洪水造成的经济损失和农业干旱的损失状况,预估了未来的风险,在此基础上提出了洪水和干旱灾害风险适应评价框架,对《巴黎协定》各缔约方的国家自主贡献中洪水和干旱相关的适应措施的全面性进行了评估,并通过评分的方法对各国洪水和干旱适应措施的全面性进行量化分析。

本书指出,适应已经成为各国国家自主贡献的重要组成部分,但仍有不少国家缺乏适应相关的内容。面对未来更加复杂和极端的风险,很多国家对洪水和干旱的适应措施存在不足,主要体现在部分适应措施未明确针对灾害类型以及对未来洪水和干旱风险变化的认知欠缺。

本书共分6章,各章的内容简介如下:

第1章为绪论。介绍了全球变暖下洪旱研究和适应措施评估的重要意义,回顾了洪水、干旱和适应措施相关的国内外研究成果,提出了研究的主要问题。

第2章为全球极端降水变化。分析了极端降水强度和频率变化趋势,预估了未来变化模态,预警了未来全球重点地区极端降水风险来源。

第3章为全球洪水经济损失。基于年降水量估算洪水事件重现期,结合洪水深度—损失曲线计算历史时期洪水经济损失状况,预估了未来洪水风险。

第4章为不同干旱强度下作物产量损失。分析了全球玉米、水稻、大豆和小麦四种主要粮食作物产量与干旱的相关性,预估了不同干旱强度下的作物损失。

第 5 章为国家自主贡献中洪旱适应措施全面性评估。

第 6 章为结论与展望。对全书的主要结论进行总结,并对未来要进一步研究的工作进行展望。

著者
2023 年 12 月

| 目 录 |

第1章

绪 论

1.1 研究背景与研究意义

1.1.1 全球气候变化适应发展历程

全球变暖已经是不争的事实,给全球生态环境、人类福祉和可持续发展等方面带来了严峻的挑战。从 1992 年《联合国气候变化框架公约》到 2022 年第 27 次缔约方大会,人类应对气候变化已经走过了很长的路。减缓和适应是人类应对气候变化的两个主要方向,在全球升温仍将持续很长一段时间,而减缓行动又难以在短期内奏效的背景下,我们逐渐意识到,减缓并不能解决所有问题,适应也因此得到了越来越多的关注。

在 1992 年的《联合国气候变化框架公约》(UNFCCC,后简称"公约")提出,各缔约方应当采取预防措施,预测、防止或尽量减少引起气候变化的原因并缓解其不利影响,要求发达国家向发展中国家提供资金和技术上的支持。这是第一个应对全球气候变暖的国际公约,为全球应对气候变化问题进行国际合作提出了一个基本框架。

1995 年,第 1 次缔约方大会提出了适应资金机制的 3 个阶段,分别为确定最脆弱的国家或者地区及其适应性选择、进行能力建设及发展适应性措施和推动开展适当的适应性行动。1997 年的《京都议定书》,重申了缔约方适应气候变化的义务。2001 年的第 7 次缔约方大会决定设立 3 个全球性的适应基金,分别为最不发达国家基金、特别气候变化基金和适应基金,由全球环境基金(GEF)统一管理;并支持最不发达国家制定《国家适应行动方案》。2002 年,第 8 次缔约方大会敦促了发达国家履行公约中承诺的义务,为发展中国家提供资金和技术等方面的支持,以提高其气候变化适应能力。

虽然适应很早就被作为应对气候变化的重要组成部分，但直到 2004 年第 10 次缔约方大会才首次明确适应和减缓同等重要。2005 年第 11 次缔约方大会通过了"附属科学技术咨询机构有关气候变化影响、脆弱性和适应五年期工作方案"，以协助各缔约方能够更好地评估气候变化的影响，采取适应措施，以提高适应能力。在此后几届联合国气候变化大会上，分别通过了《关于气候变化影响、脆弱性和适应的内罗毕工作方案》(2006 年)、《巴厘行动计划》(2007 年)和《哥本哈根协议》(2009 年)，推进了全球气候变化适应的建设进程，并将发展中国家，尤其是最不发达国家和小岛屿国家作为适应气候变化进程中关注的重点。2010 年第 16 次缔约方大会是全球适应气候变化谈判中具有里程碑意义的一次会议，决定建立"坎昆适应框架"，并设立适应委员会和"绿色气候基金"(GCF)。在此后的两次缔约方大会上落实了此次会议的成果，确定了适应委员会的工作机制和工作计划，启动绿色气候基金，同时，将制定《国家适应计划》作为最不发达国家适应气候变化的重要工作机制。

在 2015 年第 21 次缔约方大会签订的《巴黎协定》中，确定了将全球平均气温较前工业化时期上升幅度控制在 2 ℃以内，并努力将温度上升幅度限制在 1.5 ℃以内的长期目标，要求各缔约方以国家自主贡献(NDC)的形式约束碳排放和适应气候变化。在 2022 年 11 月举办的第 27 次缔约方大会(COP27)在气候适应方面取得了重大进展，"损失和损害"成为关注的重点，各国政府决定建立专项基金，以协助发展中国家应对损失和损害，同时增加对发展中国家适应资金、技术和能力建设的支持。COP27 就适应问题宣布了《沙姆沙伊赫适应议程》(Sharm-El-Sheikh Adaptation Agenda)(以下简称《议程》)，《议程》概述了 30 项适应成果，每项成果都提出了可以在地区层面采用的全球解决方案，旨在于 2030 年前提高最易受气候影响的群体对气候的适应能力。联合国环境规划署(UNEP)《2022 年适应差距报告：行动太少，进展太慢——如果气候适应失败，世界将会面临风险》中明确，在全球应对气候变化的过程中，必须将适应与减缓共同作为重中之重。全球在适应规划、融资和实施方面的努力还没有跟上日益增长的风险，且即使大量投资也无法完全防止气候变化影响，因此损失和损害问题必须得到充分应对。

全球各国为适应气候变化做出了很多努力，适应进程取得了长足的发展。截至 2022 年，80% 以上的国家都至少拥有一项国家级适应规划方案，如国家适应计划(NAP)，与气候变化相关的法律也在逐渐完善。而国家自主贡献(NDC)仍然是适应体系构建的重要组成部分和主要的平台，目前大多数缔约方已经提交了第二版乃至更新版本的 NDC，其余国家也基本都在修订的过程中。在各国最新版 NDC 中，适应的相关内容明显增多，绝大多数国家都提出了本国的气候变化适应措施。近些年来有关适应的研究逐渐增多，但目前尚没有被广泛认可且行之有效的适应措施评估的框架与方法。各国适应措施是否足够、能否应对当地的气候风险,还需要进一步的评估。

1.1.2　气候变化背景下洪水和干旱风险持续增加

根据 IPCC 2021 年发布的评估报告(IPCC,2021),2011—2020 年全球地表温度较工业革命时期(1850—1900 年)升高了 1.09 ℃。根据 Clausius-Clapeyron 方程,温度每升高 1 ℃,大气持水能力将会增加 7%,虽然降水还会受到大气环流、地形、海拔以及人类活动等其他因素的影响,但可以肯定的是,全球升温已经并将持续对全球水循环造成影响,从而改变洪水和干旱等自然灾害发生的频率和强度(IPCC,2014)。对自然灾害统计资料显示,在很长的一段历史时期内,洪水和干旱是导致死亡人数最多的灾害(Ritchie et al.,2014),给人类造成了巨大的经济损失和人员伤亡。据 EM-DAT 统计数据(https://public.emdat.be/data),从 1980 年以来,洪水造成的全球直接经济损失超过 1 万亿美元,超过 27 万人丧生。干旱会通过影响水供应而对水安全、粮食安全产生影响,进而威胁人类社会的稳定与福祉。同期间干旱造成的全球直接经济损失超过了 3000 亿美元,每年有近 6000 万人受到干旱影响。洪水和干旱不仅影响社会经济,更是与人类的安全和福祉息息相关,已经成为各国关注和研究的重点。在 UNFCCC 绿色气候基金下适应项目和文献记载的行动中,解决的三大气候危害是干旱、降水变率和洪水(UNEP,2021),故洪水和干旱是气候变化适应的重点关注领域,也是各国 NDC 适应措施中的重要组成部分。

由于历史排放的影响,即使停止温室气体的排放,全球升温仍将持续数个世纪。气候变暖背景下,极端天气气候事件发生的频率将会增加,其中,洪水和干旱灾害发生的频率和位置在全球存在明显的区域差异(IPCC,2021)。随着未来气温升高,非洲、亚洲、北美洲和欧洲的大部分区域洪水将加剧并更加频繁,而北美洲西部、南美洲东北部、欧洲中部和西部、地中海沿岸、非洲的西部和中部以及南部、中东、东亚和澳大利亚南部等地区干旱强度和频率将增加(IPCC,2021)。总体而言,气温升高导致洪水和干旱加剧的区域要多于减轻的区域,因此重点关注未来洪水和干旱变化的区域差异,以采取有针对性的应对措施。

在未来洪水和干旱风险将进一步提升的背景下,提高适应能力成为必然的选择。随着基础设施建设、灾害预警和救援体系的完善,人类的适应能力有了显著的提升,每年因洪水和干旱而死亡的人数大幅下降,但由于经济水平的提升,自然灾害导致的经济损失也随之增加,洪水和干旱的影响仍然不容忽视。因此,进一步提高洪旱灾害的适应能力,对于减少因洪水和干旱风险提升所带来的损失,保证社会稳定发展至关重要。

综上所述,在全球气候变化的背景下,了解洪水和干旱将如何变化,对已有适应措施进行评估和改进并通过科学合理的适应措施将洪旱灾害损失降到最低,是气候变化研究以及构建完善的全球气候变化适应体系过程中的重要问题。

1.2 国内外研究进展

气候变化给人类系统和自然系统带来了广泛的影响。根据 IPCC 2021 年发布的评估报告,近些年来,干旱和洪水等灾害事件的影响表明,很多人类系统在当前气候变率下具有很高的脆弱性和暴露度。对于未来降水变化趋势的预估表明(IPCC,2021;IPCC,2014),到 21世纪末,很多干旱地区的平均降水可能减少,而很多湿润地区的平均降水可能会增加,这表明未来气候可能会更加极端,洪水和干旱等灾害发生的风险还将进一步提升。

1.2.1 极端降水变化趋势与区域特征

(1)极端降水变化趋势

21 世纪初期,就有学者发现全球范围内极端降水显著增加,基于全球尺度的研究也愈发深入。Alexander 等(2006)根据观测数据指出,全球多数地区出现了降水增加趋势,而极端降水增加更甚,甚至在一些总降水量减少的地区也出现了极端降水的增加(Easterling et al.,2000;Trenberth,2011)。Papalexiou 等(2019)检测了全球 8730 个站点 1964—2013 年的日降水数据,指出全球极端降水出现增加趋势的站点数约为出现减少趋势的站点数的 1.5倍,而出现显著增加趋势的站点数则约为出现显著减少趋势的站点数的 2.4 倍。对全球尺度降水变化的研究中,有部分学者尝试从时间或者空间角度进行更细化的探讨,如 Donat 等(2016,2019)尝试划分出全球的干旱地区和湿润地区并分析极端降水变化,结果显示,全球范围内湿润地区总降水量相较于干旱地区的增长更为显著,但无论是湿润地区还是干旱地区都出现了极端降水的显著增加。Donat 等(2013)还分析了近百年来全球年际最值和季节性最值的降水量变化,结果表明,全球范围内年际最大降水始终都有较为显著的增加趋势,尽管各个季节在全球范围内的降水变化差异较大,但全球总体上 4 个季节均呈现出极端降水增加的趋势,他还指出,在非洲、南美洲的站点数据缺失为相关研究带来了较大的困难。Curtis(2019)考虑到沿海地区可能受到气候变化的影响更大,对比了沿海地区和内陆地区的降水变化,也包括季节性差异,结果表明,沿海地区的降水增加相较于海岸周围内陆地区更明显,而在夏季这种差距会变得更大。Allan 等(2008)尝试使用遥感技术分析热带地区降水对温度变化的响应,结果表明,观测到的降水变化幅度要大于模拟值,这预示一些预测未来极端降水的模拟可能存在低估。Westra 等(2014)则从降水历时的角度出发,分析了全球极端降水的变化,并认为短历时极端降水相较于长历时受气候变化的影响更大,在很多地区增加幅度也更高。基于最新的高质量全球观测降水数据,Sun 等(2021)分析了全球 1 日和 5 日极端降水的变化趋势,结果显示,全球超过 2/3 的站点出现了显著增加趋势,年最大 1 日降水与温度变化之间的关系约为 6.6%/K,而年最大 5 日降水则略小,为 5.7%/K。Chinita 等(2021)则基于一个高时空分辨率降水观测格网数据分析了全球极端降水变化,结果表明,相较于 1979—1988 年,1989—2018 年的极端降水增加了约 70%,且强度越高的极端降水事件发生频率的增幅越大。总之,诸多研究证据表明,随着气候变化,全球范围内极端降水事件正在逐渐增加。

区域极端降水的相关研究结果则在不同区域表现出较大的极端降水变化特征和变化趋势差异。上述基于全球范围的极端降水变化研究指出了一些区域间的变化差异,出现极端降水增加的区域主要集中于亚洲、欧洲和北美洲(Alexander et al.,2019;Papalexiou et al.,2019;Sun et al.,2021),一些基于区域尺度的极端降水变化的相关研究提供了更多的细节。Wu(2015)认为,1951—2013 年,美国平均降水量以每 10 年 1.66% 的速度增长,且主要可归因为频率的增加。Najibi 等(2022)进一步分析了美国东北部的极端降水区域差异以及季节性差异,结果表明,不同地区极端降水-温度之间的变化关系差异很大,为 0~8%/K,且在春夏两季的增强是最为显著的。南亚地区不同学者得出的结论则有所差异:Tank 等(2006)基于 1910—2004 年的长期观测数据分析表明,南亚地区并未出现显著的极端降水增加。Manton 等(2001)基于 1961—1999 年数据认为,南亚地区整体上呈极端降水频率下降的趋势。李铭宇等(2020)基于 1979—2018 年观测降水数据,针对欧亚大陆极端降水变化进行了分析,研究结果显示,南亚地区的极端降水显著增强。与之类似,Falga 等(2022)基于 1901—2020 年印度观测格网数据分析发现,在统计和极端降水相关的 14 个指标中有 12 个都出现了显著增加的趋势。Goswami 等(2006)研究表明,印度极端降水强度和频率均出现显著增加,但中等强度的降水量则出现了显著的减少。在南美洲同样观测到了极端降水事件的显著增加(Wu et al.,2017),主要出现在南美洲东部地区。Madsen 等(2014)则对欧洲地区极端降水相关研究进行了综述,认为在很多国家都观测到了降水总量和极端降水的显著增强,但在地中海地区,则出现了总降水量减少但极端降水增加的趋势(Giorgi et al.,2008)。澳洲的相关研究也认为,当地极端降水出现了显著的增强,澳洲南部多个城市的极端降水事件在几十年来都出现了罕见的强度和频率的增加(Ashcroft et al.,2019)。Kruger(2006)根据 1910—2014 年南非的观测降水指出,南非的极端降水和极端干旱都在显著增加,这为当地应对极端气候带来很大的压力。在一些岛屿国家同样观测到极端降水的显著增强,如 Duan 等(2015)根据 51 个站点数据分析了日本 1901—2012 年的降水变化,尽管日本季节和年降水总量均出现了显著的下降趋势,但是日本极端降水仍然呈显著增加的趋势。

中国作为受极端降水困扰最为严重的国家之一,受气候变化影响,近几十年来极端降水也呈现出整体增强的趋势(Zhai et al.,2005;翟盘茂 等,2007;王志福 等,2009;杜懿 等,2020)。针对中国降水和极端降水变化的研究时间跨度较长,十几年前,Zhai 等(2005)就指出,尽管未检测到总降水量的显著增加,但是中国在 20 世纪后半叶极端降水出现了显著的增强,具体而言,则是降水日数减少了,但降水强度增加了;而中国各地区的极端降水变化特征差异也非常大,西部地区出现了总降水和极端降水均显著增强的趋势,在各个季节也基本一致,但在东部地区呈现出显著的南北差异,北方主要呈降低趋势,而南方出现显著增加趋势,变化最主要出现在夏季和冬季。近几年的研究同样验证了这一观点,同时在华北、东北、华东地区也检测到极端降水强度的增加,但降水总量变化并不显著(吴梦雯 等,2019);更多的季节性差异也被检测到,陈海山 等(2009)利用中国 419 个站点 1958—2007 年的日降水数据分析了中国区域极端降水变化,认为中国大多数地区年极端降水变化趋势和夏季极端降水相一致,西南、华北和东北呈增加趋势,其他地区则检测不出显著的增加趋势,春冬两季的极端降水增强则更多出现在长江以南地区(宁亮 等,2008)。Wu 等(2016)基于 1960—2012 年 666 个观测站点的降水数据分析了不同强度的极端降水变化的差异,结果显示,在东部地区,尽管总降水量没有显著增加的趋势,但极端降水出现了显著增加,而西部地区则总降水量和极端降水都显著增加,东部地区变化主要体现在强度变化而西部地区则体现在频率变化。江洁等(2022)从流域的尺度上分析了中国不同流域的极端降水变化差异,结果显示,长江流域、东南诸河和珠江流域都出现了显著的总降水和极端降水的增强,降水持续时间也在增加,黄河流域、海河流域、淮河流域及松辽流域则未检测到显著的总降水和极端降水变化趋势。吴梦雯 等(2019)分析了 2010—2019 年中国小时级极端降水变化的差异,结果表明,南方极端降水历时要显著高于北方,近 10 年相较于 1950 年以来的极端降水变化的增速也在增加,尤其在上海、珠江三角洲等快速城市化的地区。一些更小尺度的区域性极端降水变化研究基本和前文所述趋势相一致,如翟盘茂 等(2003)分析了中国北方的极端降水事件频率变化趋势,结果表明,中国西北部极端降水事件增加,而华北地区则出现减少趋势;张婷 等(2009)分析了中国华南地区汛期极端降水的变化趋势,结果表明,华南地区 1960—2005 年华南地区极端降水出现先减弱后增强的变化趋势,变化转折点约在 1992 年,日极端降水强度和极端降水总量都出现了显著增强。Wang 等（2017）基于 1961—2014 年观测降水数据，针对中国沿海地区极端降水变化进行了分析，结果表明，南部湿润地区极端降水呈上升趋势，而北部较干旱地区则出现下降趋势。

（2）未来极端降水变化趋势预估

近几十年来观测到的极端降水已经发生了显著的变化，并且已严重影响到了人类的生产生活，对未来极端降水变化的模拟和预估势在必行，基于全球气候系统模式（GCMs）对未来极端降水模拟预估是最为普遍的方式，当前主要采用"耦合模式比较计划（Coupled Model Intercomparison Project Phase，CMIP）"第五阶段（CMIP5）和第六阶段（CMIP6）数据进行分析。整体来看，在全球范围内，预测的未来降水呈现出总体降水和极端降水同时增加，但极端降水增加的趋势更显著的结果，IPCC 2012 年发布的《管理极端事件和灾害风险推进气候变化适应特别报告》指出，对全球未来极端降水变化趋势的一个共识是全球大多数地区都将出现极端降水的显著增长，尤其是在一些高纬度地区和热带地区，即便在一些总降水量预测将减少的地区也出现了极端降水的显著增加，如非洲南部、亚洲西部和南美洲的西海岸等地区（Murray et al.，2012；Kharin et al.，2013）。一些研究从不同的角度分析了未来极端降水的可能变化，如 Pendergrass 等（2014）分析了极端降水和总降水量在不同温升情景下的变化差异，结果表明，温升对降水量及降水分布的影响很大，未来高排放情景下不仅总降水量在增加，极端降水量占总降水量的比重也在增加，会导致更多的极端降水事件。Giorgi 等（2019）分析了全球在 RCP8.5 和 RCP4.5 两种排放情景下未来极端降水变化趋势，并认为两种情景未来极端降水事件的强度和频率都将继续增加，且高排放情景下的增加幅度更大。Du 等（2019）定义一次极端降水事件为连续的日降水量超过日均降水的降水事件，分析了未来全球极端降水变化情况，结果表明，未来极端降水事件的增加远超过平均降水，这一现象更多体现在北半球。Zhan 等（2020）从季节差异的角度分析了全球未来极端降水的可能变化，认为北半球整体上呈现湿润季节极端降水增加，干旱季节极端降水减少的趋势，而南半球则都将出现增加趋势，且增加幅度最大的区域主要在南半球热带地区。Kim 等（2020）则分析了 CMIP6 相较于 CMIP5 模式模拟极端降水变化的差异，结果认为，CMIP6 模式模拟的未来极端降水变化结果和 CMIP5 基本上一致。

一些区域性预测未来极端降水变化的研究提供了更多的极端降水变化细节，但整体变化趋势和全球预测的结论基本一致。大部分欧洲地区的总降水量在 21 世纪内变化相对较小（±20% 内），但是极端降水的出现却会显著增加（Hadjinicolaou et al.，2011；Hanel et al.，2011；Hawcroft et al.，2018），此外，Oikonomou 等（2008）分析了地中海东部区域的降水变化，认为当地总降水量呈减少趋势，气候正在逐渐变干（连续干旱日增加，连续湿润日减少）。南美洲预测未来极端降水也会显著增加，主要体现在南美洲东南部大部分地区和西亚马孙地区,在巴西东北部和东部亚马孙地区只有小规模的增加或者增加并不显著,北美则和欧洲类似,在总降水量变化不大的前提下会出现极端降水显著增加的现象(Marengo et al.,2009;Hawcroft et al.,2018)。对非洲的未来降水变化进行的模拟结果显示,非洲南部的雨季时间将缩短,总降水量在夏季会有少量减少,而东非地区在降水量和极端降水方面都有显著的增加趋势(Shongwe et al.,2009;Shongwe et al.,2011),Déqué 等(2017)认为,整个非洲大陆未来降水会出现总降水量增加,但是旱季增长且极端降水增加的趋势。东南亚地区呈现出非常剧烈的极端降水的增加,强度和频率上都有很显著的上升,南亚地区也存在显著的极端降水的增加(Tangang et al.,2018;Rai et al.,2019)。降水的变化不仅影响到人类生产生活,对生态系统也有着至关重要的影响,因此,在研究降水变化时也应当考虑到这一点,尤其是对一些生态系统较为脆弱、极端降水事件发生较少且不被关注的区域也应该受到重视(Knapp et al.,2008)。

对中国未来极端降水变化预估的相关研究也已经有了很大的进展,主要是基于高分辨率模型或者基于 GCMs 的预估,由于采用的模型不同,得到的相关结论可能差异很大。Feng 等(2011)使用高分辨率模型 ECHAM5 分析了中国未来降水的变化,结果显示,中国东南部的年平均降水强度和极端降水都将显著增加,青藏高原南部的平均降水量和极端降水量明显减少,全国范围内也会出现干旱地区降水减少,湿润地区降水增加的趋势。Guo 等(2016)基于 CMIP5 模型分析了中国极端降水变化,同样认为中国南方极端降水会出现大幅增加,结果还显示,在中国西部、北部同样会出现极端降水的小幅度增加。陈活泼(2013)分析了 RCP8.5 和 RCP4.5 两种排放情景下未来中国不同降水强度的变化情况,结果表明,中国整体上强度较高的降水事件呈增加趋势,强度较低的降水在总降水量中占比会逐渐减少。舒章康等(2022)基于 CMIP6 的模拟降水数据分析了未来中国极端降水的变化情况,结果认为,中国极端降水普遍增加,华北和东北地区极端降水增幅最显著。

(3)极端降水特征区域差异

极端气候事件的发生往往具有很强的区域性差异,同一区域内的某一极端气候事件可能具有类似的统计分布特征,识别出不同分布特征的极端事件的边界能很好地帮助相关研究和提出应对的政策建议,如 Zhang 等(2015)分析了中国极端干旱的分布特点并采用聚类分析的方式将中国分成了 6 个干旱特征差异较大的区域。与之类似,诸多研究表明,极端降水分布特征也存在显著的区域差异,具有很强的空间聚集性(Trenberth,2011;Li et al.,2019;Papalexiou et al.,2019)。区域频率分析(Regional Frequency Analysis,RFA)是一种常用的识别区域极端气候事件概率密度分布特征的方法,也常用于分析区域极端降水特征,几十年前就已经有基于 RFA 对区域极端降水特征进行归纳和总结的相关研究,起初该方法的提出是用以解决一些区域气象站点过少导致无法进行水文特征估计的问题,旨在"以时间换空间"(Stedinger et al.,1993),如 Unganai 等(2001)基于夏季极端降水特征分析认为,津巴布韦地区可能具有两个不同的极端降水特征区。Norbiato 等(2007)分析了意大利东北部的极端降水特征差异,但结果并不理想,当地降水特征过于复杂,难以进行归纳和总结。Ngongondo 等(2011)分析了非洲南部马拉维地区的极端降水特征,结果显示,当地可以认为具有 3 个极端降水特征区。近年来,随着聚类分析方法的引入,RFA 也被用于一些站点较为密集的区域专门进行区域极端降水特征的识别,以区分极端降水特征,如 Darwish 等(2021)在分析英国短历时极端降水时基于站点和格网观测降水数据发现,英国可以被划分为 5 个极端降水特征差异较大的区域。

1.2.2 气候变化下洪水风险和损失变化研究

IPCC 2021 年发布的评估报告结果显示(IPCC,2021),受到气候变化的影响,全球多数陆地区域强降水事件可能已经增加,从而导致洪水发生的风险增加;气候变暖导致的冰川退缩也增加了融雪洪水发生的风险。Kundzewicz 等(2019)对中国强降水、大流量和洪涝灾害观测记录的变化的研究结果表明,由于人为因素和气候因素的共同作用,中国许多地方的洪水风险已经增加,未来还可能进一步增加。Do 等(2017)对根据全球水文站点的年最大日径流数据进行趋势分区,结果显示,北美西部和澳大利亚大量地区呈下降趋势,欧洲部分地区、北美东部、南美部分地区和非洲南部呈上升趋势。Kron 等(2007)研究显示,1996—2005 年内陆洪水灾害数量是 1950—1980 年每十年发生洪水灾害次数的两倍,相关经济损失增加了 5 倍。在其他一些地区层面的研究表明,美国中西部(Neri et al.,2019)、欧洲西北部(Blöschl et al.,2019)、亚马孙地区(Barichivich et al.,2018)等地洪水增加,非洲(Tramblay et al.,2020)、中国长江和珠江等大河流域(丁一汇 等,2006)、新疆地区(陈亚宁 等,2009)等洪水风险呈增加趋势,而南欧和西欧(Blöschl et al.,2019)等地洪水减少,澳大利亚东南部和西南部地区(Ishak et al.,2013)、中国黄河流域(Bai et al.,2016)等地洪水呈减少趋势。

气候变暖背景下未来全球不同区域降水变化呈现不同的趋势,对于中纬度大部分陆地区域和湿润的热带地区,未来极端降水很可能强度增加、频率增高(IPCC,2021),这意味着这些地区洪水风险的增加;对于所有 RCP 情景,未来受季风影响的区域可能增大(IPCC,2021),季风降水导致的洪水也可能增加。总体而言,预计 21 世纪洪水增加的区域要多于减少的区域(Hirabayashi et al.,2013;Dankers et al.,2014)。对于特定地区的研究结果表明，未来欧洲北部、东北部和中部地区(Lehner et al.,2006;Kundzewicz et al.,2006)洪水风险可能会增加，北半球、南亚、东亚、东南亚和中非等地区河流径流呈增加趋势，洪水风险增加，欧洲南部、地中海地区、非洲南部、北美洲南部和中部区域河流径流呈现减少趋势(Nohara et al.,2006)。气候变暖导致的全球冰川的普遍退缩，不仅会提高对应河流径流增加所带来的洪水风险(Kundzewicz et al.,2014)，还使得冰湖溃决洪水风险大大提升(Harrison et al.,2018)。

洪水风险通常从灾害、脆弱性和暴露度3个方面进行考虑。洪水灾害用于反映洪水发生的强度、频率和持续时间等信息，可以通过降水或流量指标表示(Winsemius et al.,2013;Pappenberger et al.,2012;Santos et al.,2020)。洪水暴露度定义为位于洪水易发地区的资产和价值(IPCC,2014)，通常以人口密度、人均GDP以及基础设施建设状况等相关的社会经济指标表征(Santos et al.,2020;Jongman et al.,2012)。脆弱性定义为暴露要素对灾害的易感性(IPCC,2014;Kron,2005)，会受到经济发展水平、人口结构和防洪基础设施建设水平的影响(Jongman et al.,2015;Boulange et al.,2021)。具体的指标选择会因为研究区域和侧重点的不同而有所差异，如对于城市洪水的研究中，暴露度计算会考虑道路密度和平均不透水程度(Santos et al.,2020)。洪水风险指数的计算常为灾害、暴露度和脆弱性的乘积(Kron,2005;Jongman et al.,2015)。

对于洪水损失的研究可以基于洪水灾害损失数据，通过对已有洪水事件的统计与趋势分析，从而实现洪水风险的评估。Hu等(2018)分析了1975—2016年全球范围内洪水发生的频率和强度，以及洪水导致的死亡率和受洪水影响的人口数量，结果表明，全球洪涝发生率、死亡率和受灾人口总体上呈上升趋势，但单次洪水事件的死亡率和受灾人口略有下降，洪水事件主要受到季风、人口密度、人均GDP等因素影响。Liu等(2022)根据洪水受灾面积将洪水分为3级，分析了1985—2019年全球不同受影响地区洪水时间的空间格局，并研究了受灾人口、人均GDP、洪水历时和地形等不同影响因素对于洪灾死亡率的影响，认为未来防洪措施应更具有针对性，强调了跨区域合作对洪水风险管理的必要性。卞洁等(2011)汇总分析了长江中下游6个省份的洪水灾害数据，通过信息扩散理论实现了当地洪涝灾害风险的评估。姚俊英等(2012)以气象灾害普查资料作为数据来源，通过灰色理论分析并预测了黑龙江省暴雨洪涝灾害。

对于大陆乃至全球层面，受各地监测水平的限制和重视程度的影响，洪水灾害损失数据质量不一，缺失较多，影响了分析和预测结果的准确性，因此有些学者开发了基于过程的气候模型，可用于洪水风险和损失的计算。由于区域气候变化的不确定性很大，单一的气候模式不能提供可靠的预测(Alfieri et al.，2018)，常见的方法是通过多个气候模式的集合来解释一系列可能的区域气候响应，从而开展了一系列国际耦合模式比较计划，如第六阶段耦合模式比较项目(CMIP6)(O'Neill et al.，2016)。这些模型的输出可以直接为基于过程的模型提供输入，如跨部门影响模型比较项目(ISIMIP)(Dankers et al.，2014)。具体到洪水的研究，Dottori 等(2018)通过 ISIMIP 考虑气候和水文的不确定性，结合人口、GDP、各国防洪水平和洪水灾害地图，计算了过去和未来不同代表性浓度路径下洪水损失以及受影响人口和死亡人口。Alfieri 等(2017)利用基于水文、水力和社会经济影响模拟的模型，模拟了当前和未来不同代表性浓度路径下的径流变化，结果表明，全球范围内，气候变暖和未来洪水风险之间存在显著的正相关关系。Sampson 等(2015)建立了全球洪水灾害评估模型，生成了56°S 到 60°N 陆地表面 90 m 分辨率的不同重现期洪水灾害图。Dottori 等(2016)也计算得到了不同重现期洪水灾害图。

1.2.3　气候变化下干旱风险和损失变化研究

由于干旱事件的发生是累积效应的结果，因此，难以确定起止时间，加上其复杂的物理过程与时空变异性，使得干旱的定义、识别和表征具有巨大的挑战性。通常将干旱定义为与长期平均降水量相比，降水量低于正常水平并持续一定时间的周期性自然气候事件(Kundzewicz，1997；Pandey et al.，2007；Heim et al.，2002)。从持续时间和影响范围等方面考虑，通常将干旱划分为气象干旱、农业干旱、水文干旱和社会经济干旱(Vicente-Serrano et al.，2005；Homdee et al.，2016；李克让，1999)。

对于干旱的表征与评估通常借助于干旱指数。不同学者根据研究需求的不同提出了许多不同的干旱指数，如降水距平(刘昌明 等，1989)、标准差(徐尔灏，1950)、标准降水指数等，其中标准降水指数(SPI)因计算简单，结果可靠，且具有空间一致性，是干旱研究中应用最广泛的干旱指数(Hou et al.，2007；Tirivarombo et al.，2018；Sobral et al.，2019)。在中国的很多研究中，通常假定降水量符合 P-Ⅲ型分布，在此基础上提出了 Z 指数，通过对降水量的频率分析确定干旱程度(鞠笑生 等，1998)。虽然降水量不足被认为是干旱发生的主要因素，但干旱的发生还会受到蒸散发等其他因素的影响。PDSI 以简化的水量平衡为基础，同时考虑了降水、径流、水分供应和蒸散发(Palmer，1968)。SPEI 则同时考虑了降水和温度，通过降水和潜在蒸散发之间差异的非超越概率衡量干旱程度(Gurrapu et al.，2014)。干旱通常是对于多年平均水平而言的，但在衡量不同地区的风险水平或进行气候区划时，往往需要绝对化的干旱指标，其中最常用的为连续无降水天数(Frich et al.，2002)。刘莉红等

(2008)利用 1951—2004 年中国北方各气象站夏半年逐日降水数据,分析了夏半年最长连续无降水日数的时间序列与干旱的关系。

Dai(2011,2013)表明,自 1950 年以来,全球干旱化的趋势增强,干旱面积增加,尤其是极端干旱面积是过去的两倍。而 Sheffield 等(2012)基于潜在的物理原理,综合考虑了可用能量、湿度和风速,认为全球干旱在过去 60 年里几乎没有什么变化。IPCC 2021 年发布的评估报告认为,由于干旱定义的不同以及干旱趋势的地区差异,全球范围的干旱趋势评估信度较低(IPCC,2021)。Hu 等(2014)对 1979—2011 年中亚地区的研究表明,中亚和蒙古升温迅速,由此导致降水和蒸散发不稳定,使得干旱频发。Chen 等(2015)基于 SPEI 干旱指数对中国 1961—2012 年干旱特征进行了研究,结果表明,自 1990 年后,整个中国的干旱频率和强度增加。Wang 等(2022)通过 SPEI 计算了中国 20 世纪 60 年代以来干旱天数的变化,并分析了其与大气环流之间的关系。

对于干旱的预测一般都基于气候预测的结果。Burke 等(2006)利用《IPCC 排放情景特别报告(SRES)》提供的数据计算了 PDSI 指数,实现了对未来干旱的预测,结果表明,到 21 世纪末,发生极端干旱的面积将占陆地的 30%。Dai(2013)通过模型预测表明,在未来 30~90 年里,由于降水减少或蒸散发增加,许多陆地地区将发生严重而广泛的干旱。Swain 等(2015)研究表明,北美西南部地区的干旱趋势可能会因气候变暖而进一步加剧。Chhin 等(2020)基于 CMIP5 的 34 个全球气候模式预测了中南半岛的干旱,结果表明,21 世纪末期,中南半岛的严重干旱可能会增加,干旱面积也会扩大。许崇海等(2010)利用观测数据评估并肯定了气候模式对中国干旱变化的模拟能力,进而对中国未来干旱风险进行了预估,结果表明,在未来几十年里,中国将持续干旱化,极端干旱也会增加。

Lehner 等(2017)基于社区地球系统模型(CESM),利用 PDSI 分析了全球干旱变化,并对未来 1.5 ℃和 2 ℃升温情景下的干旱进行了预测,表明在两种升温情景下,世界上许多地区的干旱风险都有所增加,普遍干旱以及连续干旱年份的频率增加,Naumann 等(2018)使用 SPEI 指数得出了类似的结论。Liu 等(2018)根据 PDSI 指数量化了全球和次大陆干旱特征变化,并研究不同路径下人口对干旱的暴露程度,表明未来将会有更多人口遭受严重干旱,而受城市化导致的人口迁移,农村面临严重干旱的人口减少。Spinoni 等(2019)基于 SPI 和 SPEI 指数识别了 1951—2016 年全球干旱事件,并建立了包含干旱事件特征的数据库,进一步分析了全球干旱事件频率和强度的变化趋势,并对干旱驱动因素进行了分析。Christian 等(2021)利用环境总体蒸散发应力(SESR,蒸散量和潜在蒸散量之比)识别了突发性干旱的分布和季节特征,并对 15 个研究区域根据 SPI 和标准潜在蒸散发异常分析其驱动因素,结果表明,突发性干旱期间出现蒸散发需求异常和大量降水缺位的比例类似,不同地区的驱动因素不同。

农业损失是干旱损失主要来源之一,随着人口的增长,全球粮食需求预计会大幅增加,因此农业风险评估是干旱风险管理的核心,也是制定农业减灾措施的前提(Pei et al.,2019;Leng,2017)。Leng 等(2019)利用全球作物产量普查数据和未来模拟数据,结合干旱指数研究了不同干旱程度下的产量变化,并通过 SPI 和 SPEI 结果的比较,校验温度在调节干旱影响中的作用。Leng(2017)还建立了以美国各州(县)去趋势化后的玉米产量数据作为因变量,以生长季温度和降水作为预测因子的多元回归模型,分析了气候和非气候因素对美国各州(县)玉米产量的影响,结果表明,美国玉米产量变异性在国家尺度上呈下降趋势,在部分州(县)呈上升趋势,而气候变率主导的产量变化主要发生在美国的中西部玉米带。Yaddan-apudi 等(2022)还分析了干旱和 COVID-19 对农业干旱损失的复合影响,表明了 COVID-19 会对作物产量下降产生潜在影响。Qiang 等(2018)利用农业干旱灾害数据、气象数据以及作物面积数据对中国干旱风险和农业损失差异进行了分析,表明中国北方农业损失以每 10 年 0.6% 的速率增加,是南方增幅的两倍,且北方农业对降水变化更敏感,南方则对温度变化更敏感。Yu 等(2018)通过计算水稻、玉米和小麦综合生产力,分析了气候变化对中国大陆农业干旱风险的影响,表明了未来与极端农业干旱相关的风险将增加。

1.2.4　各国适应气候变化措施研究

减缓是一个相对清晰的主题,所有减缓措施都可以通过对大气中温室气体的浓度降低的贡献加以衡量。与之相对的,适应以减少气候变化对人类的损害为目的,但适应的主体涉及从本地到全球,从个人、社区、企业到政府等各个层面,损害也包含了经济损失、人员伤亡以及对公众健康乃至舒适度的影响。由于适应行为的复杂性,目前还没有关于适应的一致定义,且缺乏衡量适应措施有效性的指标,这使得适应措施的评估变得艰难。《巴黎协定》中规定各国以 NDC 的方式提交各国在减缓和适应所做的努力以及承诺,这在一定程度上促进了适应措施的评估,使得构建一个全球气候变化适应体系成为可能。

(1)不同层面的适应措施研究

目前而言,部分适应气候变化研究针对某一特定层面,如资金、立法、政治等方面的适应措施。Eriksen 等(2015)将适应定义为一种争议性的社会政治进程,进而提出捕捉政治如何嵌入社会管理变化的概念框架,用以分析个人、社区、政府以及其他组织如何在指定适应问题方面进行互动,以及所提出的适应方案如何受到的各方的影响。Wolf(2011)则重点考虑适应的社会过程,进而分析了不同社会和文化背景下,价值观和权力维度如何影响适应的过程与结果。

陈敏鹏(2020)总结了国际气候变化适应谈判的历史,并对未来走向进行了预测。Bouwer 等(2006)探讨了适应未来气候变化融资的问题,通过分析《联合国气候变化框架公约》(UNFCCC)的资金来源,认为发达国家为适应措施提供资金应表现更大的承诺。陈贻健(2016)考虑了适应气候变化立法中的公平性原则,认为应该坚持受益者负担、原因者比例以及最脆弱者优先的原则。

(2)针对不同部门或不同灾害的适应措施研究

有些研究针对单一部门的适应,如农业、畜牧业和基础设施等。Wilson 等(2020)分析了将适应气候变化纳入海洋保护区规划的重要性。Sturiale 等(2019)研究了绿色基础设施对城市适应的重要性,进而提出一种评估市民对城市绿地的社会认知的方法。Kolström 等(2011)通过对文献查阅,国家应对战略的分析及根据适应行动成本响应的汇编的数据库对欧洲林业的潜在适应选择进行了研究。Anderson 等(2020)认为,农业和粮食安全会受到气候变化的重大影响,因此改变土地和种植方式、发展改良作物品种以及改变粮食消费和减少浪费是必要的适应手段,同时也指出,农业对气候变化的适应是有限的,减少化石燃料燃烧对于长期粮食安全至关重要。

有些研究针对特定灾害。Hessburg 等(2021)通过一个管理案例对气候变化背景下美国西部森林野火的适应进行了研究,并为管理与政策方向提出了建议。Wilby 等(2012)汇总了从国际到社区各级为适应洪水风险而采取的措施,通过对这些措施进行的分析和评价,总结了日常监测、洪水预报和基础设施建设等有效的适应措施,并就如何降低洪水风险和脆弱性给出了建议。

(3)针对不同空间范围的适应措施研究

有些研究针对特定的空间范围。Mertz 等(2009)对发展中国家适应气候变化进行了研究,认为虽然发展中国家已经在适应气候变化方面做出了许多有益的努力,但仍需要充分了解适应努力的驱动因素、未来适应的必要性并将气候问题纳入发展政策的主体中。Robinson(2020)对 IPCC 第五次评估报告小岛屿发展中国家(SIDS)的气候变化适应相关文献进行了系统审查。Dannenberg 等(2019)对于小社区适应气候变化过程中的公共健康问题进行了研究。Islam 等(2020)对孟加拉国减少灾害风险和适应气候变化进行了研究,认为两者虽然在减少脆弱性和提高弹性方面有着相似的目标,但在有效整合过程中还是会遇到筹资机制不当、缺乏协调协作和规模不匹配等的挑战。Aguiar 等(2018)对欧洲的适应行为进行了汇总和研究。

(4)适应措施评估框架研究

还有很多研究致力于构建一个评估框架。Berrang-Ford 等(2011)提出了用于评估各国适应进展的概念框架,强调了长期系统的跟踪适应政策努力的意义,并讨论了数据收集的方法。Van Valkengoed 等(2019)为研究适应动机与适应性行为的相关性,对 23 个国家的已有研究数据进行了元分析,结果表明,适应性行为的描述性规范、消极情绪、自我效能感和结果效能与适应性行为的关系最为密切,而知识和经验与适应的关系则较弱。Moser 等(2010)提出了一个识别气候变化适应行为障碍的系统框架。Eriksen 等(2011)认为,并不是所有适应政策都是好的,适应过程应注重社会正义与可持续性,并提出了认识脆弱性的背景、认同不同价值观和利益对适应结果的影响、结合当地知识和考虑地区与全球之间的反馈 4 个适应气候变化过程中的指导原则。Vogel 等(2017)提出了一个系统评估农业部门气候服务项目的框架,并应用于加勒比农业气象的一个案例。

(5)各国 NDC 相关研究

UNEP 2022 年的适应差距报告提供了关于 NDC 的详细分析,结果表明,随着全球气候变暖加剧,各国尤其是发展中国家适应资金需求大幅提高;虽然目前大多数国家都提出了适应行动,但将这些计划转化为行动的融资并未跟进,发达国家承诺的资金仍存在巨大缺口。美国国际开发署(USAID,2016)基于 37 个国家 NDC 讨论了适应的优先部分以及减缓、资金和技术的需求等问题。Hammill 等(2017)评估利用国家适应计划作为发展中国家实施或确定 NDC 适应优先事项过程的潜力,进而探讨了各国如何利用这些适应承诺来支持实现可持续发展目标。《巴黎协定》提出了透明度框架,用于报告和审查各缔约方 GHG 排放、落实和实现 NDC 进展、适应行动及所需资金、技术和能力建设,Weikmans 等(2020)分析了该透明度框架与各国减缓和适应气候变化的雄心之间的关系,认为增加透明度可能会潜在地导致雄心的增大。Tigre(2019)分析了亚马孙地区各国 NDC 和其他相关政策中的适应措施,认为缺乏各国之间的合作机制和综合水管理有待加强是目前亚马孙地区最主要的两个问题。此外,有些研究针对具体的部门,Cran 等(2015)整合了 NDC 中水问题相关内容;Strohmaier 等(2016)强调了农业部门在 NDC 中的作用。

1.2.5　评述

气候变化背景下,洪水和干旱风险增加,而针对洪水和干旱的适应措施通常以国家为单位提出和执行。根据上述文献调研表明,目前全球尺度的洪水和干旱损失研究较少,且缺乏以国别为单位进行全球洪水和干旱损失与风险的研究。

由于短期内全球气温仍将持续上升,适应气候变化受到了越来越多的关注,绝大多数国家都提出了气候变化适应措施(UNEP,2022),但上述文献调研表明,目前各国提出的适应措施是存在不完善之处的,因此有必要对适应措施的有效性进行评估。近些年来,关于气候变化适应的研究逐渐增多,但尚且没有被广泛认可且行之有效的适应措施评估的框架与方法,为此本研究结合各国气候条件以及洪水和干旱损失状况,对各国适应措施进行了评估,并通过评分的方法进行了国家之间的对比。

第 2 章

全球极端降水变化

由极端降水引发的洪涝灾害是造成损失最大、最危险的自然灾害,了解并量化全球极端降水变化对未来防灾减灾工作至关重要。本章尝试从全球的角度分析未来极端降水的变化模态,从强度变化和频率变化两个方面筛选未来极端降水变化高度敏感的地区并确定不同区域的极端降水变化主导模态。本章使用 GP 分布拟合了全球各个地区的极端降水序列并为不同地区设置极端降水阈值,采用阈值法分析了高排放情景(RCP8.5)和低排放情景(RCP2.6)下未来的极端降水的可能变化。本章选取了 8 个对降水变化较为敏感的区域进行重点关注,同时根据年均降水量将全球简单划分为不同的干湿区,以分析不同干湿程度地区的未来极端降水的可能变化。

2.1 研究方法

2.1.1 数据

研究中采用的历史降水网格数据来自 Contractor 等(2020)提供的网格网络(REGEN)日降水数据集,这一数据集是基于多个降水数据库再分析制作而成,包括两个最大的数据库:美国国家环境信息中心构建的全球历史气候网络(Global Historical Climatology Network)以及德国湿地研究所构建的全球降水气候中心(Global Precipitation Climatology Centre),并经过严谨的质量控制,有较高的准确性。数据时间跨度为 1950—2016 年,分辨率为 1°×1°。

分析长期气候变化多采用大尺度大气环流模型,本研究中模拟未来的降水数据来自 10 个 CMIP5 全球气候模型(GCM),即 CanESM2、CNRM-CM5、FGOALS-g2、GFDL-ESM2M、Had-

GEM2-ES、IPSL-CM5A-LR、MIROC5、MIROC-ESM、MIROC-ESM-CHEM 和 MRI-CGCM3,并考虑了到 21 世纪末两种具有代表性的浓度排放路径(Representative Concentration Pathway, RCP)情景,即低排放(RCP2.6)和高排放(RCP8.5),RCP2.6 情景是指在 2100 年前辐射强迫达到峰值,到 2100 年下降至 2.6 W/m² ,全球平均温度上升限制在 2.0 ℃之内;RCP8.5 情景则指辐射强迫稳定在 8.5 W/m² 水平,因此未来时期的模拟时间跨度被定义为 2014—2100 年。由于不同模型的分辨率有所差异,我们将 9 个模型采用双线性插值的方法插值为 1°×1°分辨率。需要注意的是,插值后会平滑极值,特别是从高分辨率到低分辨率,9 个模型降水的 99%百分位在插值后波动为−3.96%~2.80%,FGOALS-g2 模型则可能被更大地低估(−10.30%),整体未来极端降水可能被低估了。这一数据主要用于评估全球极端降水变化模态,更多数据信息见表 2-1。

表 2-1　10 个所选的 GCM 模型的详细信息

模型名称	分辨率(网格数)	机构/国家
CanESM2	128×64	CCCMA/Canada
CNRM-CM5	256×128	CNRM-CERFACS/France
FGOALS-g2	128×60	LASG-CESS/China
GFDL-ESM2M	144×90	NOAA GFDL/America
HadGEM2-ES	192×145	MOHC/England
IPSL-CM5A-LR	96×96	IPSL/France
MIROC5	256×128	MIROC/Japan
MIROC-ESM	128×64	MIROC/Japan
MIROC-ESM-CHEM	128×64	MIROC/Japan
MRI-CGCM3	320×160	MRI/Japan

2.1.2　全球洪水和干旱状况

全球洪水与干旱状况以降水量为依据。选择年平均暴雨(日降水量≥50 mm)天数和年平均最大连续无降水天数作为洪水和干旱状况评价指标,具体计算过程如下:

$$D_{tr} = \frac{\sum_{i=1}^{N}\sum_{j=1}^{T} d_{tr_i}(j)}{N} \tag{2-1}$$

$$d_{tr_i}(j) = \begin{cases} 1 & P_i(j) \geqslant 50 \\ 0 & P_i(j) < 50 \end{cases} \tag{2-2}$$

$$D_{\max\_np} = \frac{\sum_{i=1}^{N} \max[d_{pre_i}(j) - d_{pre_i}(j-1) - 1]}{N} \tag{2-3}$$

式中，D_{tr} 为年平均暴雨天数，N 为计算时段的年数，T 为第 i 年的总天数（365 或 366），$P_i(j)$ 代表第 i 年第 j 天的降水量，$D_{\max\_np}$ 为年平均最大连续无降水天数，$d_{pre_i}(j)$ 代表第 i 年第 j 个有效降水日（$\geqslant 0.1$ mm）在该年的第几日。

对每个格点进行计算，进行区域平均和归一化，并将洪水与干旱的均值调节到同一水平，使洪水和干旱状况具有相同的尺度。为对各个区域的具体情况进行进一步区分，分别计算大暴雨（日降水量 $\geqslant 100$ mm）天数所占的比例和年最大连续无降水天数超过 30 天的年份所占比例，将其定义为极端洪水和极端干旱，以此来表征各个分区的洪水和干旱特征。

根据历史降水数据计算得到全球洪水和干旱状况，如图 2-1 所示。其中在中国西北部、西亚、非洲北部和非洲南部以极端干旱为主；格陵兰岛、俄罗斯大部分地区以干旱为主；加拿大、美国西部包括阿拉斯加州、墨西哥、南美洲东部、欧洲包括地中海沿岸、俄罗斯东部沿海、非洲中部和东南地区、澳大利亚等地同时受到洪水和干旱影响，但以干旱影响为主；南美洲西部和东南部以及非洲西部洪水和干旱影响程度相当；美国中部和东部、南美洲大部分地区、南亚、东南亚、中国东南部、东亚以及新西兰地区同时受洪水和干旱影响，但洪水较为严重。

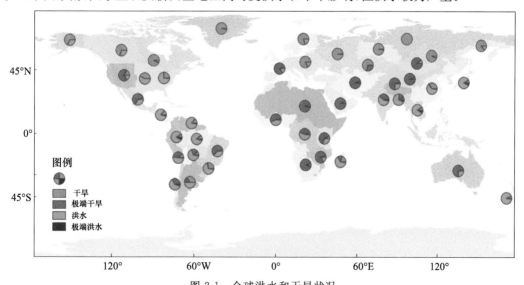

图 2-1　全球洪水和干旱状况
（图中地理底图不同颜色代表不同气候分区，详见图 3-6）

2.1.3 极端降水强度和频率变化的量化方法

本研究中基于未来极端降水与历史极端降水的差异来量化极端降水变化,从强度和频率两个角度进行分析。首先使用广义帕累托分布(GPD)分别对历史时期和未来模拟的极端降水序列进行拟合,计算出相同重现期下历史和未来的极端降水强度,采用阈值法计算相同强度的极端降水在历史和未来时期的发生频率,通过对比历史时期和未来模拟数据之间的差异来分析极端降水变化。本研究中极端降水强度变化定义为相同重现期下未来模拟数据计算的重现期水平与历史数据的重现期水平的比值,分为 3 个等级:低(<1.5)、中(1.5~2.5)、高(>2.5)。频率变化则被定义为相同强度的极端降水事件未来发生频率(发生天数)与理论值(假设水文条件不随时间发生变化,则历史频率为理论值)的比率(即历史观测数据计算所得的十年一遇和百年一遇极端降水强度在未来的发生频率的增幅),计算未来期间超出指定降水阈值(历史降水数据的十年一遇、百年一遇)的天数与理论上应该出现的天数之比,变化幅度低、中和高按照比值<8、8~16 以及>16 进行分类。

2.1.4 广义帕累托分布(GPD)

广义帕累托分布(GPD)形式见式(2-1),拟合 GP 分布需要一个合适的"阈值"来区分极值,筛选出极端降水序列,这一阈值的筛选会显著影响拟合效果。本研究中使用平均剩余寿命图法来计算,它基于极值理论中超出"阈值"的极值平均值 $E\{X-u\,|\,X>u\}$ 和该"阈值"u 之间存在的线性关系:

$$E(X-u_0\,|\,X>u_0)=\frac{\sigma_{u_0}}{1-\xi} \tag{2-4}$$

对任意 $u>u_0$,式(2-4)均成立,其中σ_{u_0}为尺度参数,ξ为形状参数。在计算中本书将所有的点$(u,E(u))$进行线性拟合,并计算加权均方误差(WMSE)$\omega_j=(n-j)/\mathrm{Var}(X-u_j\,|\,X>u_j)$,在 WMSE 的最小值处得到最合适的阈值$u$。由于本研究中使用了 64 年观测降水数据的前 n 个极端降水值,10 年和 100 年重现期水平的对应分位数分别为 $p=1-1/(0.1563\times n)$ 和 $p=1-1/(1.563\times n)$。需要注意的是,此处提及的"阈值"u 仅用以表述筛选拟合 GP 分布极值序列,与下文中的阈值,即从历史时期计算得出的重现期水平,并不是同一概念。

2.1.5 重点关注区域以及干湿地区的简单划分

基于一些学者对极端降水变化和洪涝灾害的研究(Jonkman,2005;Kundzewicz et al.,

2014；Sun et al.，2015；Zhao et al.，2019），本书结合 Köppen-Geiger 气候分类图（Beck et al.，2018）挑选了一些对极端降水变化较为敏感或洪涝灾害多发的气候区，以进行具体分析，如图 2-2 所示。各个区域的详细信息和降水特征见表 2-2，其中北亚亚北极气候区（NOA）是 8 个地区降水最少的地区，日均降水量小于 1 mm，南美洲热带雨林气候区（SA（N）），南亚热带季风气候区（SA）降水较多，日均降水量均超过 7 mm。基于 REGEN 数据集提供的观测降水网格数据，根据年平均降水量（Mean Annual Precipitation，MAP）的差异将全球简单划分为四种干湿程度（图 2-3），分别为干旱区（MAP≤200 mm）、半干旱区（200 mm＜MAP≤400 mm）、半湿润区（400 mm＜MAP≤800 mm）和湿润区（MAP＞800 mm），以分析不同干湿程度地区的极端降水变化规律。

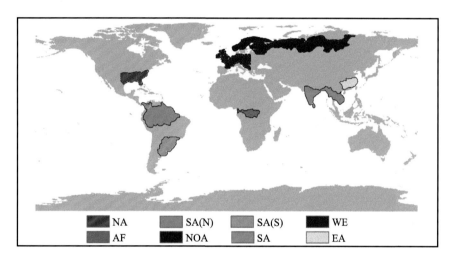

图 2-2　8 个重点分析区域的分布

表 2-2　8 个重点分析区域的降水特征

区域	缩写	日均降水量/mm	年际最大日降水量均值/mm
北美洲亚热带湿润气候区	NA (North America)	3.83	108.95
南美洲热带雨林气候区	SA(N) (Northern South America)	7.54	230.08
南美洲亚热带湿润气候区	SA(S) (Southern South America)	1.95	80.52
西欧海洋气候区	WE (Western Europe)	2.43	38.03
非洲热带雨林气候区	AF (Africa)	3.77	101.98

续表

区域	缩写	日均降水量/mm	年际最大日降水量均值/mm
北亚亚北极气候区	NOA (Northern Asia)	0.89	24.46
南亚热带季风气候区	SA (Southern Asia)	7.18	125.35
东亚亚热带湿润气候区	EA (Eastern Asia)	4.73	77.40

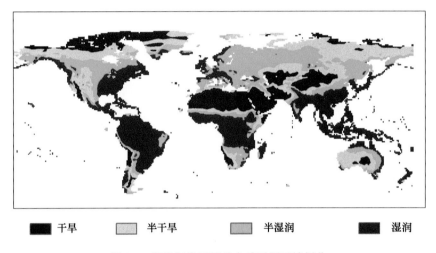

■ 干旱　　■ 半干旱　　■ 半湿润　　■ 湿润

图 2-3　根据年均雨量的全球干湿区域划分

2.2　全球极端降水强度和频率变化

2.2.1　全球极端降水强度变化

图 2-4 为历史观测数据和不同排放情景下的模拟数据计算出的极端降水强度,世界大部分地区的极端降水强度都会显著增强。南美洲亚热带湿润气候区（SA(S)）、非洲热带雨林气候区（AF）、南亚热带季风气候区（SA）和东亚亚热带湿润气候区（EA）的极端降水强度在 RCP2.6 和 RCP8.5 两种情景下都会显著增强,在 RCP8.5 情景下增强幅度更大;南美洲热带雨林气候区（SA(N)）只在 RCP8.5 情景下出现极端降水的显著增强。北美洲亚热带湿润气候区（NA）和西欧海洋气候区（WE）的未来极端降水的增强不太显著。

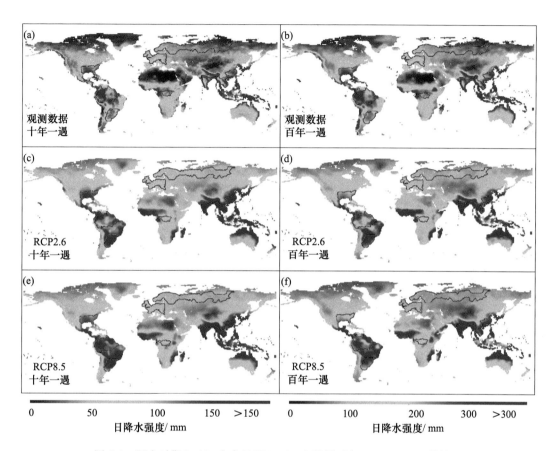

图 2-4 历史时期(a,b)、未来 RCP2.6(c,d)情景下和 RCP8.5(e,f)情景下
十年一遇和百年一遇极端降水强度

图 2-5 为未来的极端降水强度变化幅度,全球大部分区域(约 76.04%)十年一遇极端降水强度的潜在变化在 RCP2.6 情景下均处于较低水平(增强低于 1.5 倍),增幅较高(增强高于 2.5 倍)的区域占比约为 2.90%;RCP8.5 情景下极端降水的增强更显著,处于低水平增幅的区域占全球 76.36%,高水平增幅的区域占比达到 2.89%。从空间差异角度来看,两种重现期的极端降水变化的空间分布格局基本一致,但百年一遇极端降水的变化幅度整体略高,在 RCP8.5 情景下,有 4.23% 的区域出现了百年一遇极端降水的高水平增幅。不同情景间出现极端降水显著增加的区域面积也有所差异,高排放情景下出现极端降水高水平增幅的区域面积要高出低排放情景约 10%,见表 2-3。

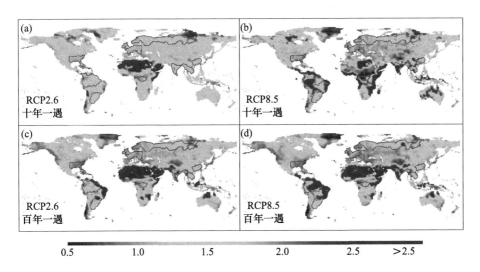

图 2-5　RCP2.6 情景和 RCP8.5 情景下未来十年一遇和百年一遇极端降水强度变化

表 2-3　不同极端降水强度变化水平和不同重现期下的区域面积占比/%

极端降水强度变化	十年一遇		百年一遇	
	RCP2.6	RCP8.5	RCP2.6	RCP8.5
低(0.5~1.5)	76.04	76.36	71.06	66.36
中(1.5~2.5)	21.06	20.75	25.37	29.41
高(>2.5)	2.90	2.89	3.56	4.23

从不同干湿程度区域的极端降水变化的角度来看,RCP2.6 情景下干旱地区的极端降水强度增幅较大,RCP8.5 情景下各个湿润等级的地区均出现了显著的增强(表 2-4)。本书还分析了 8 个所选地区的极端降水强度变化(图 2-6),NA、SA(S)、WE 和 EA 地区在两种情景和两种重现期水平下均呈现低变化水平,这些地区未来可能不会遭受更强的极端降水。NOA 地区在两种情景和两种重现期水平上也都显示出一致的结果(中等增强)。SA(N)、AF、SA 区域受气候变化影响较大,在 RCP8.5 情景下的极端降水增幅普遍高于 RCP2.6 情景,尤其是百年一遇重现期水平。此外,气候变化对强度更高的极端降水的影响更显著,百年一遇极端降水的变化整体上高于十年一遇。

表 2-4　极端降水强度中高变化及其在不同气候湿润程度分区中出现的比例/%

	RCP2.6_10a	RCP2.6_100a	RCP8.5_10a	RCP8.5_100a
干旱	47.19	38.75	38.80	32.18
半干旱	35.30	34.73	34.47	30.16
湿润	13.96	17.48	15.74	18.98
半湿润	3.56	9.05	10.99	18.69
总占比	23.96	23.64	28.94	33.64

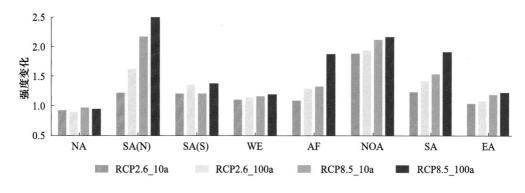

图 2-6　选中的 8 个区域内的极端降水强度变化均值

2.2.2　全球极端降水频率变化

本节首先分析了使用统一阈值(日降水超过 50 mm 记作一次极端降水事件)分析极端降水频率的变化,如图 2-7 所示,历史时期日降水达 50 mm 以上的极端降水事件频发于 NA、SA(S)、SA、EA 区域,且在 RCP2.6 情景下 NA 和 EA 地区频率显著增加,在 RCP8.5 情景下,SA(N)、SA 和 EA 中受影响的区域更多。然而,在 WE 和 NOA 地区,历史时期几乎没有观测到超过 50 mm 的事件,但这些地区被认为是洪水易发区(Jonkman,2005; Kundzewicz et al.,2014),这意味着利用统一的阈值来评估极端降水变化会对部分地区严重低估。因此本书采用独立阈值分析了全球极端降水的频率变化。整体上看,十年一遇极端降水在不同排放情景下的频率变化差异相对较小,但百年一遇极端降水却出现了显著的情景间差异,在高排放情景下的频率增加更显著,高排放情景下出现较高水平频率增幅的区域高于低排放情景约 40%(表 2-5)。

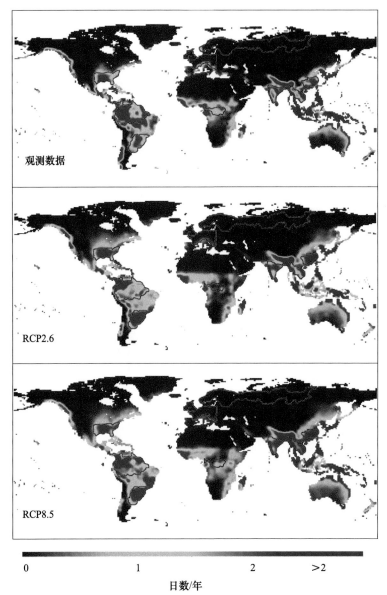

图 2-7 历史时期、未来 RCP2.6 和 RCP8.5 情景下全球日最大降水超过 50 mm 出现的频率

表 2-5 极端降水频率变化水平占比/%

变化	十年一遇		百年一遇	
	RCP2.6	RCP8.5	RCP2.6	RCP8.5
低(0~8)	81.89	67.48	77.99	61.51
中(8~16)	11.30	15.86	12.75	16.18
高(>16)	6.81	16.66	9.27	22.31

　　频率变化较高的区域分布非常广泛,除了出现在部分选中的重点分析区域,如 SA(N)、NOA、SA 外,在北美洲北部、非洲北部和中亚部分地区也出现较高的频率变化(图 2-8,图 2-9)。在 SA(N)和 SA 地区,主要体现在 RCP8.5 情景下出现了百年一遇极端降水的频率显著增加,而在 NOA 地区,在两种重现期水平以及两个排放情景下均出现了显著的极端降水频率增加。NA、SA(S)、WE、EA 等地区则仅出现较低的频率变化水平,与之类似的还有 AF 地区,仅在 RCP8.5 情景下的百年一遇极端降水中出现中等水平频率增加。整体上看,在大多数地区,RCP8.5 情景下的极端降水频率变化预计高于 RCP2.6,在 SA、AF、SA(S)、SA(N)地区格外明显,在高排放情景相较于低排放情景可能增加了一倍以上;而 WE 和 NOA 地区则在两种情景之间呈现很小的差异,这意味着这些地区可能受气候变化的影响较小。在 SA(N)、SA(S)和 AF 地区,两种情景下十年一遇极端降水频率变化程度均只有百年

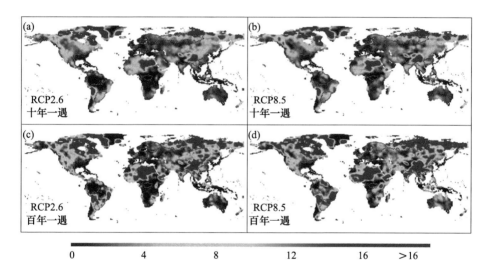

图 2-8　RCP2.6 情景和 RCP8.5 情景下未来十年一遇和百年一遇极端降水频率变化

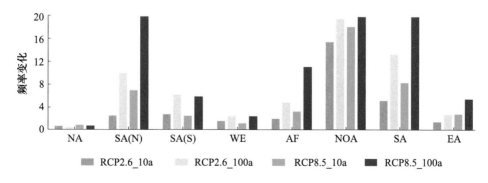

图 2-9　选中的 8 个区域的极端降水频率变化

一遇的一半左右,这表明在气候变化影响下,未来无论是极端降水强度变化还是频率变化,都会在更极端的极端降水事件中表现得更显著。我们同样发现了气候湿润程度和极端降水频率变化的关联,同极端降水强度变化类似,湿润半湿润地区在RCP8.5情景下的中高增幅的区域面积要显著高于RCP2.6情景(表2-6)。

表2-6 极端降水频率变化中高风险及其在不同气候湿润程度分区中出现的比例/%

	RCP2.6_10a	RCP2.6_100a	RCP8.5_10a	RCP8.5_100a
干旱	42.93	30.10	36.99	26.21
半干旱	37.80	32.95	37.81	31.08
湿润	14.93	22.59	17.66	22.54
半湿润	4.35	14.36	7.55	20.17
总占比	18.11	32.52	22.01	38.49

2.3 极端降水变化的主导模态

上文的分析表明,极端降水强度变化和频率变化在各个区域可能有所差异,需要进一步分析各个地区在可能遭受的极端降水变化主要是由强度还是频率变化主导的。极端降水频率和强度变化按照如表2-7所示进行了线性统一的量化处理并绘制了不同地区的主导模态差异(图2-10)。整体来看,未来全球很多地区可能遭受更频繁的极端降水事件,未来全球约46%地区可能遭受极端降水中、高水平的变化,其中多数区域是由极端降水频率变化驱动的(占比高达82.24%)。全球约58%地区的极端降水变化主要由强度变化主导,但其中只有约14%区域达到中、高变化水平;但是在约42%频率变化主导的区域中,有约89.5%达到中、高变化水平。此外,频率变化主导的变化水平较高的区域在干旱、半干旱、半湿润和湿润地区占比几乎一致,但强度变化主导的则主要分布在干旱地区(表2-8)。从不同排放情景的角度来看,RCP8.5情景下出现的中、高变化水平的区域远多于RCP2.6情景,前者为后者3倍左右。在RCP8.5情景下,中、高变化区域在干旱、半干旱、半湿润和湿润地区所占比重近似,而在RCP2.6情景下,干旱地区出现较高极端降水变化的可能性更高。这与Donat等(2016)的观点一致,这表明这些很少发生高强度极端降水、基础设施对极端降水的适应能力较差的干旱地区,未来可能受到极端降水变化的影响较大,需要引起更多关注。

表 2-7 强度变化和频率变化量化方法的线性统一

变化水平		强度变化	频率变化
低	0~1	0.5~1	0~4
	1~2	1~1.5	4~8
中	2~3	1.5~2	8~12
	3~4	2~2.5	12~16
高	>4	>2.5	>16

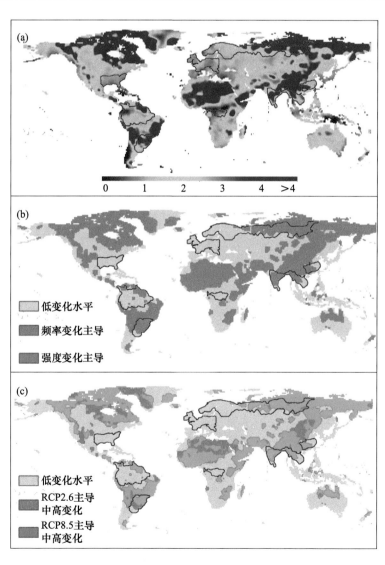

图 2-10 (a)每个网格的最高变化幅度级别;(b)由频率变化或强度变化
主导的中、高变化幅度区域;(c)RCP2.6 情景或 RCP8.5 情景
主导的中、高变化幅度地区

表 2-8　RCP2.6 情景和 RCP8.5 情景下以及强度变化和频率变化驱动下的不同变化等级在干旱、半干旱、半湿润和湿润地区的比例/%

		RCP2.6-主导	RCP8.5-主导	强度变化主导	频率变化主导
总占比		24.56	75.44	57.88	42.12
变化水平差异	低	59.73	52.55	86.21	10.48
	中	20.16	21.77	10.87	35.81
	高	20.11	25.68	2.92	53.71
中、高变化水平在不同地区占比	干旱	48.30	24.63	59.32	23.50
	半干旱	24.09	30.61	12.93	32.64
	半湿润	17.78	22.54	11.43	23.64
	湿润	9.82	22.22	16.33	20.22

2.4　讨　论

我们介绍了量化极端降水强度和频率变化的方法并进行了变化等级划分,然而等级划分的指标差异可能导致不同地区得到的极端降水变化结论有所差异,这可能为得出的结论带来了很高的不确定性。例如,如果我们将极端降水强度变化低水平和中水平之间的界限由 1.5 改为 1,则出现中或高水平变化的网格占比将达到 48.0%～60.3%,这会导致难以有效地识别出极端降水强度变化较高的区域。同样,如果我们将频率变化的低和中水平之间的界限从 8 改为 4,出现中或高频率变化的网格占比将达到 42.7%～62.8%。根据本节中的划分标准,中或高强度变化的网格占比为总风险的 23.6%～33.6%,中、高频率变化的网格占比为 18.1%～38.5%,处于相对合理的水平,见图 2-11。

大多数关于极端降水变化的研究都是从区域角度进行分析的(Guo et al.,2016;Rodrigues et al.,2020),尽管区域性研究可能具有更高的精度和可靠性,但从全球角度对不同区域间的极端降水差异进行比较仍是必要的。例如,有很多研究预估了 21 世纪末西欧地区极端降水强度将增加 30%～50%(Madsen et al.,2014),这与本节得到的结果一致,然而与其他地区的极端降水强度变化相比较,这一地区的变化反而相对较低。可见,虽然本研究在量化极端降水变化时采用的空间分辨率较低,但仍能有效地识别出一些容易被以往研究忽略的极端降水变化较为剧烈的地区。

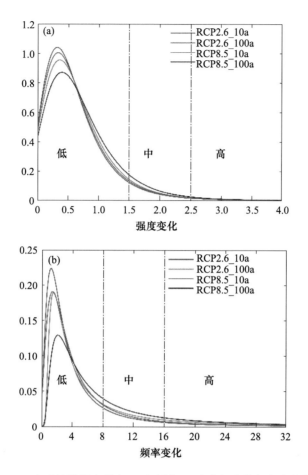

图 2-11　全球极端降水强度(a)和频率(b)变化幅度的概率密度曲线

由于模型模拟的极端降水数据可能产生较大的不确定性,在计算未来极端降水变化时,本节采用了 10 个 GCMs 模拟数据的中位数来降低模型可能产生的误差。尽管目前相关研究大多数都采取了这一方法(Chen et al.,2014;Guo et al.,2016),但这种做法也可能造成其他的问题。前文的分析结果表明,在 RCP8.5 情景下,百年一遇的极端降水变化的区域间差异最为显著,因此我们计算了不同模型在该情景下的百年一遇极端降水频率变化以分析不同模型间的差异(图 2-12,表 2-9)。模型 FGOALS-g2 和 MIROC-ESM 计算出的中、高变化区域占比与我们使用模型中位数计算的结果比较一致,而模型 MIROC-ESM-CHEM 和 IPSL-CM5A-LR 则出现了显著的低估,CanESM2 出现了极大的高估。此外,不同的模型在同一地区往往表现出很大的差异,例如,在 SA(N)地区 6 个模型出现了中、高水平的频率变化,却有两个模型仅出现低水平的频率变化。这种模型间的两极化结论也出现在其他许多地区,如 AF、SA(N)和 EA,但在大多数情况下,仅有少数模型和其他模型出现了较大差异,多数模型呈现了较好的一致性。由此可见,与使用多模型平均值相比,使用 10 个 GCMs 的中位值的结果可以合理地反映全球极端降水变化,但这一方法也可能造成少数地区风险估计的偏差,如何合理地选择和使用不同模型的数据需要进一步研究和讨论。

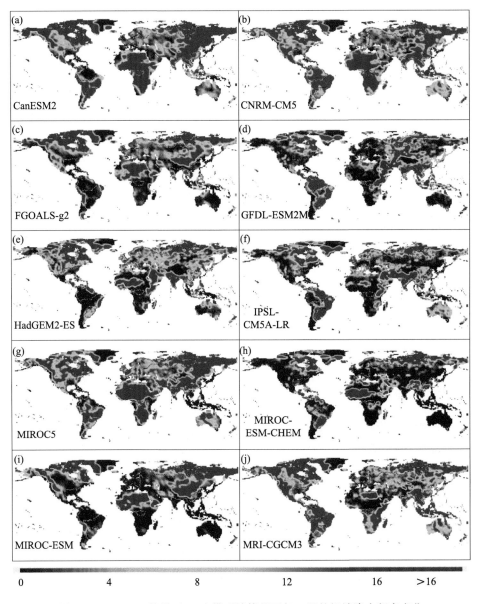

图 2-12　RCP8.5 情景下 10 个模型计算的百年一遇的极端降水频率变化

表 2-9　RCP8.5 情景下 10 个模型计算的不同水平的百年一遇的极端降水频率变化占比/%

模型	频率变化		
	低	中	高
CNRM-CM5	40.32	25.89	33.79
CanESM2	42.56	17.02	40.41
FGOALS-g2	63.73	16.67	19.60
GFDL-ESM2M	65.52	18.27	16.15
HadGEM2-ES	59.61	23.12	17.18
IPSL-CM5A-LR	67.33	18.55	14.07
MIROC-ESM-CHEM	76.41	11.91	11.65
MIROC-ESM	64.54	14.07	21.38
MIROC5	45.30	22.93	31.77
MRI-CGCM3	47.49	21.35	31.16
中值	61.51	16.18	22.31

2.5　结　论

在本研究中,我们分析了未来全球极端降水强度和频率的可能变化,并尝试对不同区域的主导变化模式进行分析,得出以下结论。

未来全球极端降水变化是由强度和频率两方面变化决定,主要由频率变化主导。全球约 46% 陆地面积可能遭受中、高水平极端降水频率或强度变化,其中多数地区是由频率增加驱动的(82.24%)。与 RCP2.6 情景相比,大多数地区在 RCP8.5 情景中面临更高的极端降水变化水平,在相同重现期的极端降水,RCP8.5 情景下出现中或高变化水平的面积是 RCP2.6 情景下的 3 倍,这意味着全球变暖导致的极端降水增加很显著。此外,强度更高的极端降水增加更明显,表明未来可能出现更频繁、强度更高的极端降水事件。

从区域角度来看,在 RCP8.5 情景下,南美洲热带雨林气候区和南亚热带季风气候区表现出较高的极端降水强度和频率变化,而北亚亚北极气候区在两种情景下都可能遭受高水平的极端降水变化。一些地区呈现出与全球整体变化不一致的极端降水特征,如北美洲亚热带湿润气候区、北亚亚北极气候区,两种情景之间风险差异不大,这意味着这些地区极端降水的增加对气候变化不敏感。从气候湿润程度角度来看,在RCP2.6情景下极端降水的变化主要出现在干旱地区,而在RCP8.5情景下,在湿润和半湿润地区、干旱和半干旱地区都出现了极端降水的显著增加。

全球升温增加了全球气候系统的不稳定性,从而导致极端气候事件发生的可能性和强度增加。一方面,极端降水往往导致洪涝灾害的发生,极端降水频率和强度的增加也会导致洪水损失的增加。另一方面,全球很多地区极端干旱发生的强度和频率也呈增加趋势。

第3章

全球洪水经济损失

洪水是最严重、影响最广泛的自然灾害之一,给人类的生命和财产安全带来了重大威胁。随着气候变化、经济发展和土地利用变化,尤其是洪水易发地区人口和资产的迅速增加,导致洪水造成的经济损失和人员伤亡不断增加。本章计算了历史和未来低排放、高排放情景下的洪水损失,对比不同地区洪水损失差异,并分析不同排放情景下的损失变化情况,以反映气候变化影响下的洪水状况和未来风险的变化。本书中只考虑最常见、威胁最大的暴雨洪水。

3.1 数据与资料

历史降水数据采用 Contractor 等(2020)提供的网格网络(Rainfall Estimates on a Gridded Network,REGEN)日降水数据。该数据集提供了 1950—2016 年全球陆地 $1°×1°$ 的日降水数据。未来 RCP2.6、RCP6.0 和 RCP8.5 情景下,全球日降水数据来自于部门间影响模式比较计划(Inter-Sectoral Impact Model Intercomparison Project,ISIMIP)数据集,时间范围涵盖 2006—2099 年,分辨率为 $0.5°×0.5°$,包含了 4 个气候模式 MIROC5、CM5A-LR、HADGEM2-ES 和 GFDL-ESM2M。

欧洲航空航天局提供了 1992—2015 年全球 300 m 分辨率的土地利用地图。全球洪水灾害图数据为 Dottori 等(2016)给出的 10 年、20 年、50 年、100 年、200 年和 500 年 6 个不同重现期下的洪水淹没范围和淹没深度。洪水深度-损失曲线和洪水损失最大值来自 Huizinga 等(2017)提供的数据集。

首先,对未来降水数据进行校正,通过线性拟合和 MK 检验分析降水变化趋势,然后,对洪水损失进行计算。

对于每个格点的降水时间序列数据,根据 2006—2016 年的数据对未来数据进行均值和标准差校正,具体计算过程如式(3-1)所示。

$$P_i^* = (P_i - \overline{P}_{fu}) \times \frac{\sigma_{his}}{\sigma_{fu}} + \overline{P}_{his} \qquad (3-1)$$

式中,P_i^* 为校正后的降水量时间序列,P_i 为校正前的降水量时间序列,$\overline{P}_{his}$ 和 $\overline{P}_{fu}$ 分别为历史和未来降水数据在验证期(2006—2016 年)的均值,σ_{his} 和 σ_{fu} 分别为历史和未来降水数据在验证期的标准差。

3.2 洪水损失计算方法

根据土地利用地图和全球洪水灾害图可以得到农业、工业、商业、基础设施和住宅 5 个部门不同重现期下的洪水淹没范围和淹没深度。结合洪水深度—损失曲线以及各国不同部门的洪水损失最大值,计算得到洪水灾害图对应的 6 个重现期下各部门的洪水损失,线性插值得到所有重现期对应的洪水损失。

通过 2006—2016 年历史降水数据对未来降水数据进行均值和标准差校正。根据历史降水日数据对全球每个格点的年最大日降水时间序列分别拟合 GEV 分布。通过拟合后的 GEV 分布推算出每个格点历史和未来情景下每场降水对应的重现期,将重现期 5 年以上的降水事件视为一次洪水事件。将每次洪水事件对应的重现期带入不同重现期对应的洪水损失,可以得到每个格点洪水损失的时间序列。

对每个格点计算洪水灾害图所对应的 6 个重现期下的洪水损失,根据历史降水数据拟合 GEV 分布,得到降水对应的重现期,进而得到每场暴雨洪水对应的重现期,线性插值得到最终洪水损失结果。单位格点不同重现期下的洪水损失的具体计算如式(3-2)所示。

$$\text{loss}_{\text{grid}} = \text{Depth}_{\text{flood}} \times f_{\text{depth-loss}} \times \text{Max}_{\text{loss}} \times \text{Area}_{\text{grid}} \qquad (3-2)$$

式中:$\text{Depth}_{\text{flood}}$ 代表洪水淹没深度;$f_{\text{depth-loss}}$ 为洪水深度—损失函数,是大陆层面关于洪水深度和损失比例的函数,如图 3-1 所示;Max_{loss} 是以国家为单位的农业、商业、工业、基础设施和住宅 5 个部门单位面积的最大洪水损失值(Huizinga et al.,2017);$\text{Area}_{\text{grid}}$ 为单位格点面积,计算过程如下:

$$\text{Area}_{\text{grid}} = \gamma^2 \times d^2 \times \cos\varphi \qquad (3-3)$$

式中:γ 为格点分辨率;d 表示 1 纬度跨越的距离,一般默认为 111 km;φ 为格点所在纬度。

洪水事件的重现期通过降水数据计算,以历史时期(1950—2016 年)为基准期,对每个

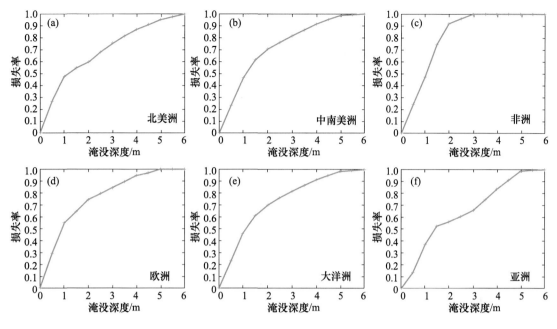

图 3-1　各大洲洪水深度—损失函数

格点的年最大日降水时间序列分别拟合 GEV 分布。GEV 分布的具体计算过程如式(3-4)所示。

$$G(z) = \exp\left\{ -\left[1 + \varepsilon\left(\frac{z-\mu}{\sigma}\right)\right]^{1/\varepsilon} \right\} \tag{3-4}$$

式中：z 为平稳时间序列的最大值,假定各地降水为平稳时间序列,则 z 代表年最大日降水时间序列;μ、σ 和 ε 分别代表位置参数、尺度参数和形状参数。通过拟合后的 GEV 分布推算出每个格点每场降水对应的重现期,将重现期 5 年以上视为一次洪水事件。

3.3　研究结果

3.3.1　全球降水时空分布

降水是导致洪水事件发生的直接因素。全球降水量存在显著的空间差异,通常根据年平均降水量(Mean Annual Precipitation,MAP)的多少将全球划分为干旱区(MAP ≤ 200 mm)、半干旱区(200 mm < MAP ≤ 400 mm)、半湿润区(400 mm < MAP ≤ 800 mm)和湿润区(MAP > 800 mm)。根据 1950—2016 年的降水数据,各类分区的全球空间分布如图 2-3 所示。

全球有 27.6% 的陆地区域为湿润区,主要分布于东南亚、东亚和南亚东部、欧洲的地中海北岸地区、美国东南部和南美洲的大部分地区;有 28.3% 的陆地区域为半湿润区,除了湿润区外的带状区域外,还在欧洲以及俄罗斯西部地区、中国的东北地区、北美洲中部的纬向带状区域和美国中部地区;干旱区占比为 19.4%,主要分布于撒哈拉沙漠、阿拉伯半岛、中亚、北美洲北部、南美洲西部沿岸、澳大利亚中部部分地区和中国的西北部地区;半干旱区占比为 24.4%,主要分布于干旱区外的带状区域,并在俄罗斯中部、东部和澳大利亚有着广泛分布。

对每个格点的历史时期年降水量数据进行线性拟合和 MK 趋势检验,全球有接近半数格点的多年平均降水量变化通过了 90% 置信度的 MK 检验。结果如图 3-2 所示,变化趋势范围主要在 ±10 mm/a 之间。全球有近 58% 的陆地区域呈现了增加趋势,主要分布于东南亚、澳大利亚西部、俄罗斯、欧洲北部、美国中部和东部地区、南亚大部分地区和南美洲大部分地区。而减少趋势主要出现在非洲地区、中亚和西亚地区。

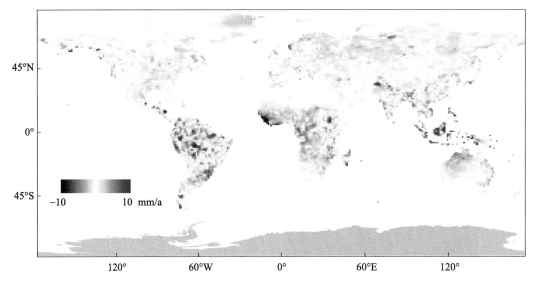

图 3-2　全球历史年降水量变化趋势

3.3.2　未来不同情景下降水量变化

REGEN 数据集提供的历史降水数据截至 2016 年,因此未来的时间序列选择为 2017—2099 年。为了对不同排放水平下未来气候进行评估,IPCC 第五次评估报告中根据未来温室气体浓度情景,提出了 4 种不同的代表性浓度路径(Representative Concentration Pathways,RCP),具体信息如表 3-1 所示。

表 3-1　不同代表性浓度路径描述

浓度路径	描述
RCP2.6	辐射强迫在 2100 年前达到峰值,到 2100 年下降到 2.6 W/m²,CO_2 当量浓度峰值约 490 ppm
RCP4.5	辐射强迫稳定在 4.5 W/m²,2100 年后 CO_2 当量浓度稳定在约 650 ppm
RCP6.0	辐射强迫稳定在 6.0 W/m²,2100 年后 CO_2 当量浓度稳定在约 850 ppm
RCP8.5	辐射强迫上升至 8.5 W/m²,2100 年后 CO_2 当量浓度达到约 1370 ppm

选取 RCP2.6 和 RCP8.5 作为低排放情景和高排放情景,未来两种情景下,多年平均降水量相对于历史时期的变化如图 3-3 和图 3-4 所示。

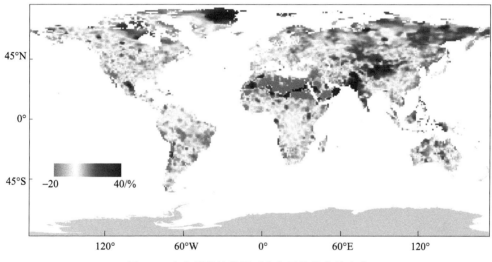

图 3-3　未来低排放情景下多年平均降水量变化

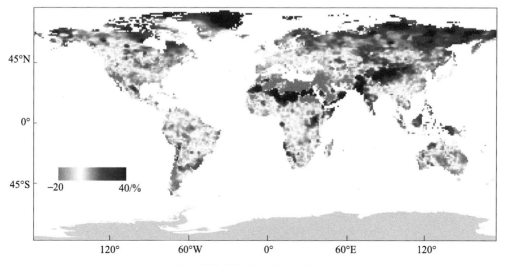

图 3-4　未来高排放情景下多年平均降水量变化

从多年降水量变化的空间分布来看,未来两种排放情景的结果较为类似,除了地中海沿岸、非洲北部及部分地区、中亚、西亚、南美洲西部沿岸及部分地区、澳大利亚和北美洲的部分地区外,全球其余大部分地区多年平均降水量都出现了增加,两种情景下增加范围分别为0~20%和0~40%;但在南美洲中部、非洲南部和北美洲中部等地区从低排放情景到高排放情景时,年降水量变化从增加变为减少。从变化的幅度来看,高排放情景较低排放情景而言,多年平均降水量变化幅度明显更大,高出5%~10%。两种情景下,全球陆地格点年平均降水量变化值的概率密度曲线如图3-5所示,低排放情景下,多年平均降水量变化值的分布更为集中,变化值增加的格点占比为64%,而增加超过20%的格点仅占约8%;高排放情景下有71%的格点多年平均降水量增加,约22%的格点增加值超过20%。

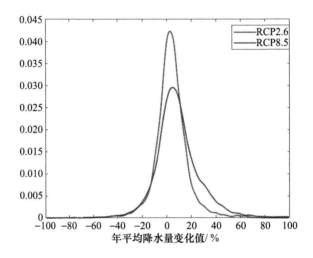

图 3-5 全球陆地格点年平均降水量变化值的概率密度曲线

(蓝线和红线分别代表低排放情景和高排放情景)

3.3.3 洪水损失计算结果

3.3.3.1 历史洪水损失

气候分区过程中,将面积较小、气候类型类似的国家进行合并,如分区16为加勒比海附近的国家,将欧洲地区划分为地中海沿岸、中欧和北欧,对应分区13、分区14和分区15。对于一些面积较大,气候类型较为复杂,洪水和干旱风险差异显著的国家,再根据次一级行政区划进行进一步划分。以中国为例,中国的地域辽阔,就洪水和干旱灾害而言,东南沿海与西北内陆气候状况差异显著,若将中国作为一个整体进行评估,会导致洪旱风险信息的丢失,因此在具体气候分区过程中,将中国按常用的分区方案划分为东南、西北和青藏高原 3 个部分。最终分区结果如图 3-6 所示。

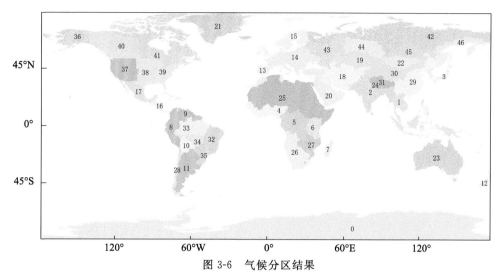

图 3-6　气候分区结果

通过对比欧洲航空航天局提供的全球 300 m 分辨率的土地利用地图与 Dottori 等(2016)全球洪水灾害图得到不同部门洪水淹没深度和范围,再与洪水深度-损失曲线和各部门洪水最大损失值叠加得到 10 年、20 年、50 年、100 年、200 年和 500 年 6 个不同重现期下的洪水损失,经过线性插值可以得到所有重现期所对应的洪水损失。根据 1950—2016 年的降水数据,提取年最大值时间序列,拟合 GEV 分布,再通过拟合后的分布推算出每场降水对应的重现期,将重现期大于 5 年的降水事件视为一次洪水,进而得到全球历史洪水损失的时间序列。历史时期的年平均洪水经济损失如图 3-7 所示。结果考虑的是 1°×1° 分辨率下的单位格点损失。

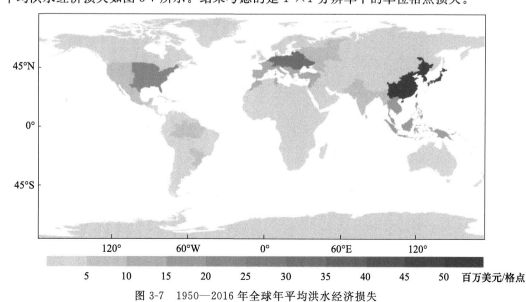

图 3-7　1950—2016 年全球年平均洪水经济损失

计算结果表明,1950—2016 年,全球年洪水损失达到 904 亿美元。年平均单位格点洪水损失的地区差异较为显著,其中洪水损失最严重的区域为东亚的朝鲜半岛和日本,单位格点的损失超过 6000 万美元;其次为欧洲北部地区、美国中部和西部地区,损失超过了 2000 万美元每格点;东南亚、南亚、美国东部、地中海沿岸、欧洲东部和南美洲的部分地区的年平均洪水损失超过了 500 万美元每格点,全球的其余地区单位格点洪水损失在 500 万美元以下。

各分区洪水损失具体数据以及各个部门损失的分布情况如图 3-8 所示。结果表明,在

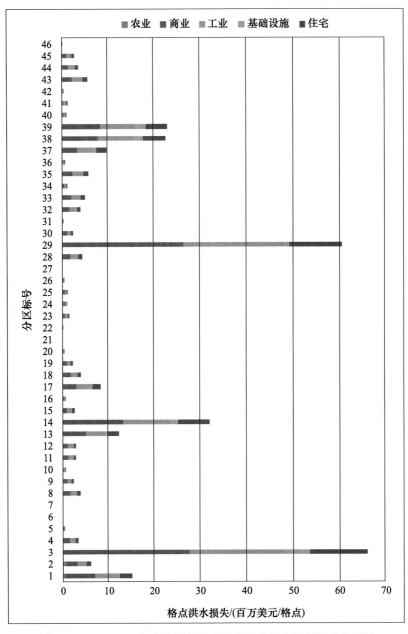

图 3-8　1950—2016 年各分区年平均洪水经济损失及部门分布情况

46 个分区中,有 7 个区域单位格点的洪水经济损失超过了 1000 万美元,由高到低分别为东亚的朝鲜半岛和日本、中国东南部、欧洲南部、美国东部、美国中部、东南亚地区以及地中海沿岸。考虑到各个分区面积不同,分区洪水总损失前十的区域由高到低分别为中国东南部、欧洲南部、美国东部、美国中部、东南亚、地中海沿岸、东亚的朝鲜半岛和日本、美国西部、南亚和俄罗斯的欧洲部分,超过了 25 亿美元/年。

从部门角度而言,对于大部分分区,洪水损失主要集中于商业、工业和住宅部门,损失占比约为 40%、30% 和 20%。这是由于商业、工业和住宅部门单位面积的经济价值较高,脆弱性高,因此洪水损失值较大。对于单位格点洪水损失超过 3000 万美元的 3 个区域,东亚的朝鲜半岛和日本地区单位格点年洪水损失为 6600 万美元,年洪水损失总值为 38.40 亿美元,农业、商业、工业、基础设施和住宅各部门损失占比分别为 0.43%、41.52%、30.66%、8.64% 和 18.74%;中国东南部单位格点年洪水损失为 6100 万美元,年洪水损失总值为 260 亿美元,各部门损失占比为 0.57%、43.26%、35.26%、2.21% 和 18.70%;欧洲南部单位格点年洪水损失为 3200 万美元,年洪水损失总值为 92.80 亿美元,各部门损失占比为 0.25%、41.19%、32.47%、4.96% 和 21.13%。

3.3.3.2　未来不同情景下的洪水损失

由于气候变化,降水量的概率分布也会随之变化,使得在历史以及未来不同情景下,同样的降水量所对应的重现期不同,可能会导致洪水损失的计算出现系统偏差。因此在考虑未来不同情景下的洪水损失时,降水量的概率分布仍采用历史降水数据所拟合的 GEV 分布结果。与历史洪水损失计算过程类似,计算得到未来(2017—2099 年)低排放和高排放情景下的洪水损失。全球历史单位格点年均洪水超过 1000 万美元的分区共 7 个,这些分区历史和未来两种排放情景下洪水经济损失的时间序列如图 3-9 所示。

在这 7 个区域中,历史洪水损失最高的地区为中国东南部地区,达到了 260 亿美元/年,最低为东亚的朝鲜半岛和日本,损失为 38.4 亿美元/年。除了东亚的朝鲜半岛和日本地区和低排放情景下的东南亚地区外,其余分区洪水损失均呈现增加趋势,未来洪水损失大于历史损失,且高排放情景下,增加趋势更为明显。东南亚地区在低排放情景下,未来洪水损失有所降低,但在高排放情景下,未来洪水仍呈现增加趋势,东亚的朝鲜半岛和日本未来情景下损失有所降低,但高排放情景下降的幅度要小于低排放情景。南亚、美国西部和美国东部未来洪水损失增加幅度最为明显,低排放和高排放情景下损失幅度分别超过了 50% 和 100%。其中南亚、东南亚和美国西部两种情景下损失变化差异超过了 50%,说明这些地区的洪水状况对气候情景敏感,更容易受到气候变化的影响。全球所有分区洪水损失的具体数据如表 3-2 所示,其中格陵兰岛(分区 21)由于数据缺失,无法预估其经济损失。

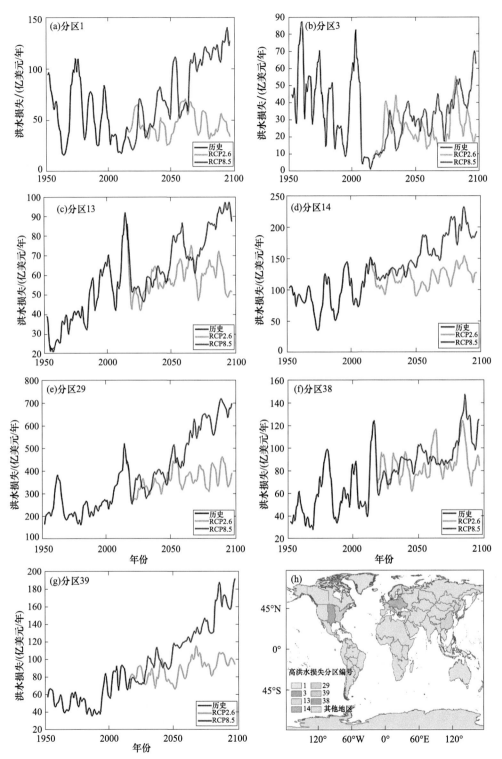

图 3-9　全球单位格点年均洪水经济损失值超过 1000 万美元分区的洪水损失 5 年滑动平均时间序列

（a）～（g）（其中黑线为历史时期，绿线和红线分别为低排放和高排放情景），以及其分区空间位置示意图（h）

表 3-2　全球所有分区洪水经济损失状况

分区编号	RCP2.6			RCP8.5		
	洪水损失/百万美元	单位洪水损失/(百万美元/格点)	相对于历史水平变化/%	洪水损失/百万美元	单位洪水损失/(百万美元/格点)	相对于历史水平变化/%
29	35871.4	83.6	37.9	48797.8	113.7	87.7
14	11945.8	41.5	28.8	16125.7	56.0	73.9
39	8999.5	35.3	52.7	12305.5	48.3	108.8
38	8476.7	33.5	47.1	9373.2	37.0	62.6
1	4643.3	13.0	−14.8	8345.1	23.4	53.1
13	5766.8	15.1	21.9	7125.8	18.6	50.6
3	2511.1	43.3	−34.5	3320.6	57.3	−13.4
37	6313.8	19.2	96.6	7244.4	22.1	125.6
2	4366.9	10.1	65.4	6286.5	14.6	138.1
43	4537.9	10.2	80.6	5849.1	13.2	132.8
18	5126.3	11.1	169.9	5695.8	12.4	199.9
25	2944.3	2.4	89.7	3040.2	2.4	95.9
17	2002.0	11.4	36.3	2661.3	15.2	81.1
41	2828.1	2.7	102.8	3960.4	3.8	184.1
33	629.6	2.4	−52.1	875.7	3.3	−33.4
44	2072.3	6.5	72.2	2500.5	7.8	107.8
23	928.1	1.3	−17.5	1111.2	1.6	−1.2
30	3507.4	8.4	240.6	4558.0	10.9	342.6
11	3609.7	10.8	256.9	4271.3	12.8	322.3
32	2096.1	8.9	118.3	2967.3	12.6	209.0
8	1001.3	4.6	15.2	1397.8	6.4	60.8
42	1479.2	0.9	78.5	1790.9	1.1	116.1

分区编号	RCP2.6			RCP8.5		
	洪水损失/百万美元	单位洪水损失/(百万美元/格点)	相对于历史水平变化/%	洪水损失/百万美元	单位洪水损失/(百万美元/格点)	相对于历史水平变化/%
45	846.7	2.9	3.5	1176.1	4.1	43.7
19	1804.0	5.5	131.0	2184.1	6.7	179.6
15	790.1	2.8	1.5	1136.0	4.0	45.9
4	635.5	2.9	−16.8	836.5	3.9	9.5
40	945.2	1.4	28.5	1241.0	1.9	68.7
35	3436.1	30.7	430.2	4276.2	38.2	559.9
28	1154.3	14.1	219.2	1089.0	13.3	201.2
9	600.5	5.4	116.7	628.8	5.6	126.9
36	58.1	0.2	−71.3	99.5	0.4	−50.9
26	102.8	0.3	−49.1	133.6	0.4	−33.8
5	434.2	1.3	126.2	571.3	1.7	197.7
20	330.4	1.4	134.3	377.4	1.5	167.6
34	18.4	0.2	−85.2	25.4	0.3	−79.5
12	804.7	23.7	677.8	996.4	29.3	863.1
10	111.2	1.2	55.1	170.6	1.9	138.1
46	124.1	0.4	105.1	178.7	0.6	195.3
22	116.3	0.6	114.8	134.9	0.7	149.2
16	141.2	2.2	172.3	161.9	2.5	212.2
31	200.9	1.7	289.8	403.3	3.4	682.6
27	23.4	0.1	−2.4	36.0	0.2	49.8
24	38.7	2.4	105.4	74.3	4.6	294.0
6	5.2	0.0	−58.1	15.2	0.1	22.4
7	6.9	0.1	136.1	7.6	0.1	161.1

单位格点年平均洪水损失相对于历史时期的变化如图 3-10 和图 3-11 所示。未来洪水损失较过去的变化范围主要为-80%～250%,全球大部分分区未来洪水损失出现了不同程度的增加,高排放情景下增加的幅度更大。在南美洲南部以及中国西北地区和西藏地区洪水损失增加幅度最为明显,高排放情景下超过了 250%,此外,中亚地区、西亚地区、加拿大东部、南美洲东部、非洲中西部以及南北美洲交界地区等区域增加幅度也较大,超过 100%。全球绝大部分分区高排放情景较低排放情景,未来洪水损失较历史更为严重,在中国西北地区和西藏地区、巴西南部和东部等地这种情况最为明显,而在非洲东南部和东南亚等地,洪水损失较历史由减少变为了增加。

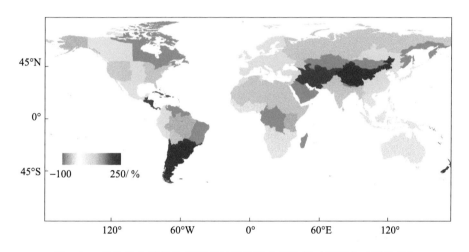

图 3-10　单位格点低排放情景下年平均洪水损失相对于历史时期的变化

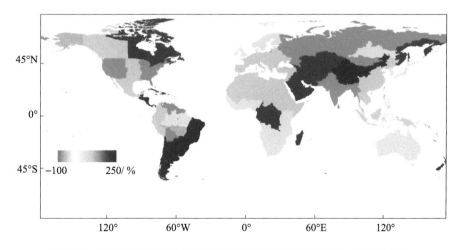

图 3-11　单位格点高排放情景下年平均洪水损失相对于历史时期的变化

3.4 讨 论

目前全球尺度的洪水损失计算研究相对较少,与 Alfieri 等(2017)的研究结果相比,本研究计算的洪水损失结果与其数量级一致,数值上略有高估,主要原因有以下两点。

①洪水事件的重现期是通过降水量重现期近似计算得到,实际上,由降水到洪水之间还需要经过蒸发、产流、汇流乃至人为调度等过程。此外,连续降水下造成的洪水损失并不会线性叠加,尤其是对于连续强降水导致的严重损失,从而导致对于损失的估计偏高。

②计算过程中将五年一遇的重现期视为一次洪水事件,但洪水造成的损失的过程在很大程度上会受到当地防洪水平的影响。由于各国发展阶段的不同以及基础设施建设水平的差异,各国防洪之间存在巨大的差异,甚至同一个国家不同地区的防洪水平也不尽相同,而且考虑到水库大坝等基础设施的建设或老化,防洪水平还会随时间不断变化。

3.5 结 论

降水作为洪水事件发生的直接因素,空间分布存在着显著差异,年平均降水量在东南亚、东亚的朝鲜半岛和日本、南亚东部、欧洲的地中海北岸地区、美国东南部和南美洲的大部分地区处于较高水平。从时间尺度而言,全球有近58%的陆地区域呈现了增加趋势。对于未来两种情景,多年降水量变化的空间分布情况较为类似,除了非洲地区、中亚和西亚地区等地降水呈减少趋势外,全球其余大部分地区两种情景下多年平均降水量都出现了增加。从变化的幅度而言,高排放情景下较低排放情景而言,多年平均降水量变化幅度明显更大。

对于洪水损失情况,东亚的朝鲜半岛和日本、欧洲北部地区、美国中部和西部地区、东南亚、南亚、美国东部、地中海沿岸、欧洲东部和南美洲的部分地区单位面积的洪水损失较大。未来低排放和高排放两种情景下,全球大部分区域的洪水损失较历史水平都有所增加,高排放情景下增加幅度更大。

第4章

不同干旱强度下作物产量损失

随着气候变化,全球很多地区干旱强度和频率都有所增加。农业是极易受到干旱影响的部门,作物产量损失是干旱损失的主要来源之一。本章将干旱条件下的作物产量相对于平均作物产量的变化视为干旱损失,计算和对比历史时期不同地区干旱程度,不同作物受干旱的损失状况,比较不同地区的损失差异,并评估未来不同排放情景下干旱和损失变化情况。本章主要考虑干旱对作物产量的影响,因此选择无灌溉条件下的作物产量。

4.1 材料与方法

根据降水数据和作物生长日历计算得到不同作物生长季累计降水,计算得到 SPI 时间序列,确定不同程度的干旱对应年份,对作物产量进行去趋势化处理。计算不同干旱条件下作物产量相对于平均产量的变化,即干旱损失。

由于农业部门是干旱损失的主要来源之一,研究中主要分析农业部门的干旱损失。通过降水数据和作物生长日历计算全球各个格点生长季降水的时间序列。通过作物生长季累计降水计算年 SPI 的时间序列,并根据 SPI 值将干旱划分为 3 类,将不同干旱条件下的产量相对于平均产量的变化视为干旱损失。

4.2 数据与资料

历史降水数据采用 Contractor 等(2020)提供的网格网络日降水数据。未来 RCP2.6、RCP6.0 和 RCP8.5 情景下全球日降水数据来自于部门间影响模式比较计划(Inter-Sectoral Impact Model Intercomparison Project,ISIMIP)数据集,时间范围涵盖 2006—2099 年，分辨率为 0.5°×0.5°,包含了 4 个气候模式 MIROC5、CM5A-LR、HADGEM2-ES 和 GFDL-ESM2M。

欧洲航空航天局提供了 1992—2015 年全球 300 m 分辨率的土地利用地图。玉米、水稻、大豆和小麦 4 种主要作物产量数据来自 ISIMIP 模型模拟,对于每种作物,都下载了 3 个模型,4 种气候模式下的 12 组全球数据,分辨率为 0.5°×0.5°,单位为吨每公顷每年(t/(hm² · a)),其中历史时间范围为 1950—2005 年,未来产量数据包括了 RCP2.6 和 RCP6.0 两种情景,时间范围涵盖 2006—2099 年,模型和气候模式数据集的具体信息如表 4-1 所示。全球作物生长日历数据集来自于 Sacks 等(2010),分辨率为 0.5°×0.5°。

计算中将上述所有数据分辨率统一为 1°×1°。

表 4-1　模型和气候模式数据集的具体信息

模型	气候模式
PEPIC	MIROC5
LPJML	CM5A-LR
GEPIC	HADGEM2-ES
	GFDL-ESM2M

4.2.1　多时间尺度 SPI 的计算

由于干旱事件的发生是累积效应的结果,因此难以确定起止时间,加上其复杂的物理过程与时空变异性,使得干旱的定义、识别和表征具有巨大的挑战性。在很多干旱研究中,将干旱定义为与长期平均降水量相比,降水量低于正常水平并持续一定时间的周期性自然气候事件,并提出了不同的干旱指数,如标准降水指数(SPI)、Z 指数、标准化降水蒸散指数(SPEI)等。其中 SPI 是最常见的干旱指标之一,最早由 McKee 等(1993)提出,由于其计算简单,空间一致性好,且可以实现不同时间尺度的分析,被广泛应用于干旱研究。

标准降水指数(SPI)可以理解为在考虑的时间尺度上观测到的降水标准化概率,是最常用的干旱指标之一。SPI 计算仅基于降水,在空间上独立,不受气候和土地利用条件等因素的影响,因此可以在不同地区使用。具体计算过程如式(4-1)所示。

$$f(x) = \frac{1}{\beta^{\alpha}\Gamma(\alpha)}x^{\alpha-1}\mathrm{e}^{\frac{-x}{\beta}} \tag{4-1}$$

式中,x 为考虑的时间尺度内累计降水量,β 和 α 分别为 gamma 分布的尺度参数和形状参数。$\Gamma(\alpha)$ 为 gamma 函数,可通过式(4-2)计算得到:

$$\Gamma(\alpha) = \int_0^{\infty} y^{\alpha-1}\mathrm{e}^{-y}\mathrm{d}y \tag{4-2}$$

将计算得到的降水概率分布正态化为均值为 0,标准差为 1 的正态分布即可得到 SPI 的时间序列。对于未来的生长季累计降水的年 SPI 计算,通过历史条件下拟合的 gamma 分布计算得到。

4.2.2　作物数据处理

通常认为作物产量变化受到三方面的影响,分别为趋势产量、气象产量和噪声,其中噪声可以忽略不计,趋势产量是由于生产技术的提高而导致的作物产量增加,因此在考虑气候变化对作物产量的影响时,需要对作物产量数据进行去趋势化处理。最常用的去趋势化方法是,首先通过最小二乘法对作物产量时间序列进行线性拟合得到趋势产量时间序列,两者相减得到气候影响下的作物产量波动,再加上作物平均产量,即可以得到去趋势化作物产量数据。

4.3　研究结果

4.3.1　基于 SPI 的全球干旱变化趋势

根据全球 1950—2016 年降水数据,计算年 SPI 时间序列,并通过线性回归得到其变化趋势,如图 4-1 所示。1950—2016 年,全球年 SPI 值的变化幅度在 5% 以内。全球有 42% 陆地的 SPI 呈下降趋势,即干旱加剧。由图 4-1 可知,干旱加剧主要发生在非洲和中亚的大部分地区、东亚地区、南亚地区、澳大利亚东部地区、北美洲西部地区和南美洲西部沿岸以及中部地区。其中,撒哈拉沙漠中部和南部、阿拉伯半岛和南美洲西部沿岸干旱加剧程度最大,SPI 下降 5% 左右。

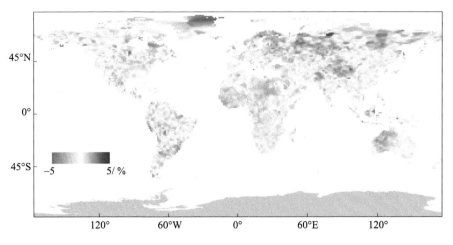

图 4-1　全球 SPI 值线性趋势检验

4.3.2　主要作物产量的时空分布

　　全球作物种类繁多，其中小麦、水稻、玉米、大豆提供了人类约 75％ 的能量需求。四种作物产量及其空间分布如图 4-2 所示。玉米主要分布于北美东部、中国的东北平原和华北平原、欧洲南部、南亚、东南亚、非洲中南部以及南美洲大部分地区。水稻主要分布于东亚、东南亚、南亚、非洲中南部以及南美洲大部分地区。大豆主要分布于东亚、南亚、美国东部、欧洲、南美洲中南部和非洲中南部地区。小麦主要集中于北纬温带地区，如中国东部地区、俄罗斯大部分地区、欧洲和美国东部地区，在南美洲、非洲中南部和东南亚也有分布。

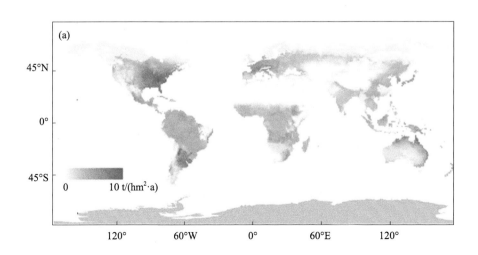

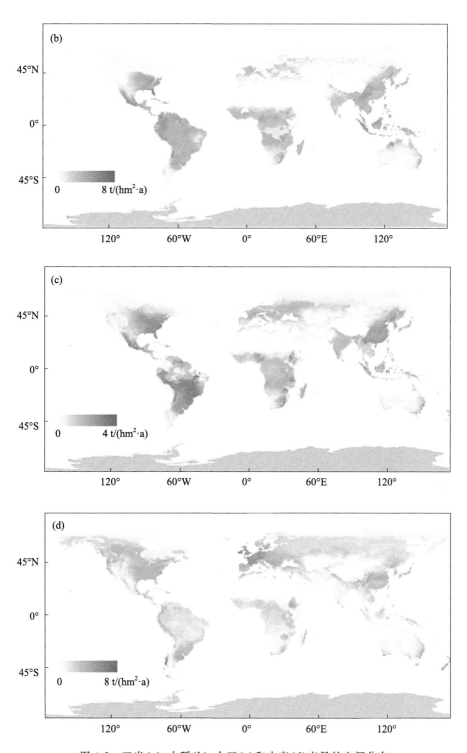

图 4-2　玉米(a)、水稻(b)、大豆(c)和小麦(d)产量的空间分布

由于作物种植技术的进步,全球大部分地区作物产量都呈略微增加的趋势。其中玉米产量变化趋势如图 4-3(a)所示,变化范围在±0.05 t/(hm²·a),在北美洲中东部、欧洲北部和阿根廷增加趋势较大,产量减少趋势主要发生在美国南部、东南亚和欧洲西部沿海的伊比利亚半岛。水稻产量变化趋势如图 4-3(b)所示,变化范围在±0.04 t/(hm²·a),在东亚、南亚、澳大利亚的西部和东部沿海地区、非洲中部和南部、美国中部的南北两侧和东部地区以及南美洲的大部分地区增加趋势较大,产量减少趋势主要发生在美国中部、欧洲西部沿海的伊比利亚半岛和巴西东部的沿海区域。大豆产量变化趋势如图 4-3(c)所示,变化范围在±0.02 t/(hm²·a),在美国中东部、东亚、南亚、欧洲大部分地区、非洲南部和南美洲南部增加趋势较大,产量减少主要发生在美国南部、巴西东部的沿海区域。小麦产量变化趋势如图 4-3(d)所示,变化范围在±0.02 t/(hm²·a),除美国南部部分区域、南美洲北部和中部、非洲大部分区域以及欧洲西部沿海的伊比利亚半岛和阿拉伯半岛呈减少趋势外,全球大部分地区产量增加趋势都较为明显。

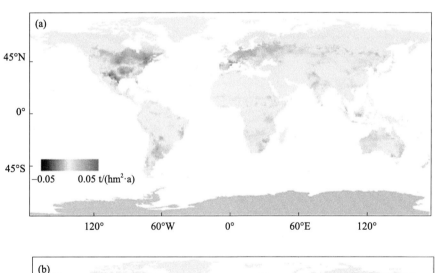

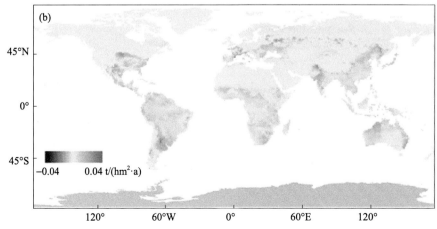

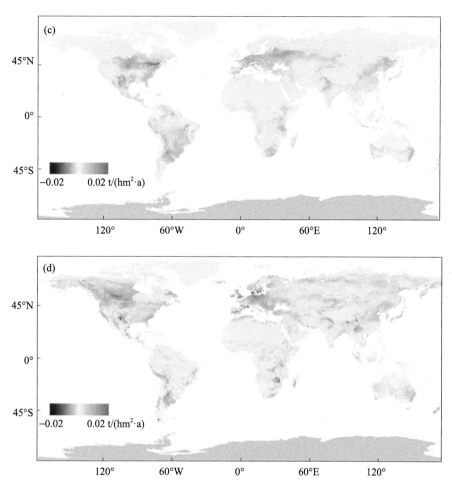

图 4-3　玉米（a）、水稻（b）、大豆（c）和小麦（d）产量年增量的空间分布

4.3.3　作物产量与干旱相关性分析

作物产量与干旱的相关性可以通过 SPI 与作物产量之间的线性关系进行分析。SPI 值越低,干旱越严重,SPI 与作物产量呈正相关时则表明,干旱越严重的年份产量越低。通常认为,作物产量变化主要受到人为因素和气候因素两方面的影响,其中人为因素主要包括肥料、土地利用模式变化和作物轮作的管理决策等农业技术。考虑到农业技术的发展,全球大部分地区作物产量都呈现了增加的趋势,因此在考虑其与干旱相关性时,需要进行去趋势化处理,从而消除人为因素的影响。去趋势化处理首先要对作物产量时间序列进行线性拟合,再用作物产量时间序列减去线性拟合结果,可以得到去趋势化作物产量异常的时间序列,再加上平均作物产量,即可得到去趋势化作物产量。

计算 1～12 个月时间尺度的 SPI,利用 1—12 月时间尺度 144 个 SPI 时间序列分别对去趋势化作物产量进行回归分析,选择相关系数最大作为最佳拟合。由图4-4可知,大部分地区SPI与作物去趋势化产量呈正相关,即作物产量会随着干旱加剧而减少。其中玉米产量随SPI变化幅度最大,变化范围在±5 t/(hm²·SPI),斜率最高的地区在美国中部和东部、澳大利亚北部沿海地区;而在美国中部部分地区和加拿大南部、南美洲南部和澳大利亚中部地区斜率为负,即产量会随SPI增加而减少。水稻产量随SPI变化范围在±3 t/(hm²·SPI),斜率最高的地区在美国中部和东部、除东南部外的南美洲大部分地区、澳大利亚沿海部分地区;在墨西哥以及美国中部的部分地区、南美洲东南部、澳大利亚中部地区和非洲南部部分地区斜率为负。大豆产量随SPI变化范围在±1 t/(hm²·SPI),斜率最高的地区在美国中部和东部、东南部外的南美洲大部分地区、澳大利亚东部沿海地区;在墨西哥、美国中部的部分地区和加拿大部分地区、南美洲东南部、澳大利亚中南部地区、非洲南部部分地区和欧洲南部的部分地区斜率为负。小麦产量随SPI变化范围在±2 t/(hm²·SPI),在美国东部、加拿大东部、西亚部分地区、澳大利亚中部和东北部沿海、俄罗斯东北部大范围地区斜率为负;全球其他大部分地区小麦产量与SPI正相关。

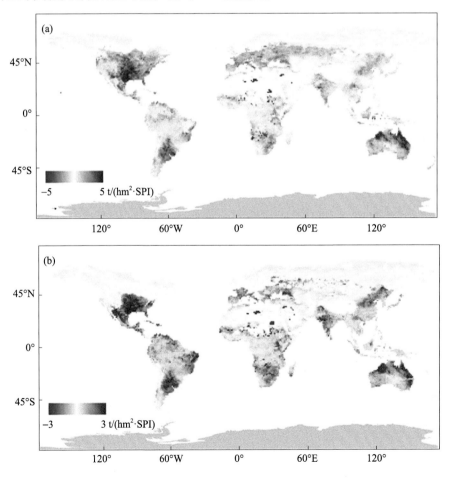

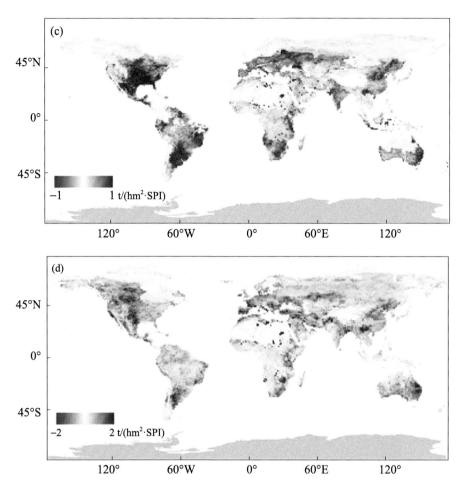

图 4-4　玉米(a)、水稻(b)、大豆(c)和小麦(d)产量异常与 SPI 时间序列的最佳线性拟合斜率

　　如图 4-5(a)～(d)左图所示,对于 4 种作物,最佳拟合时相关系数主要集中在 0.1 附近,即 SPI 可解释约 10% 的作物产量变化。如图 4-5(a)～(d)右图所示,最佳拟合所对应的 SPI 时间尺度主要为 1～3 个月,说明作物产量主要受到短期干旱的影响。

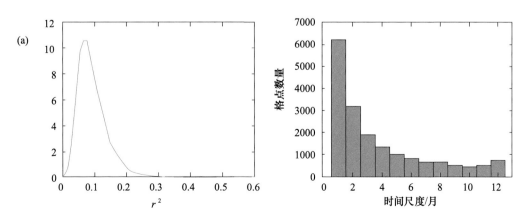

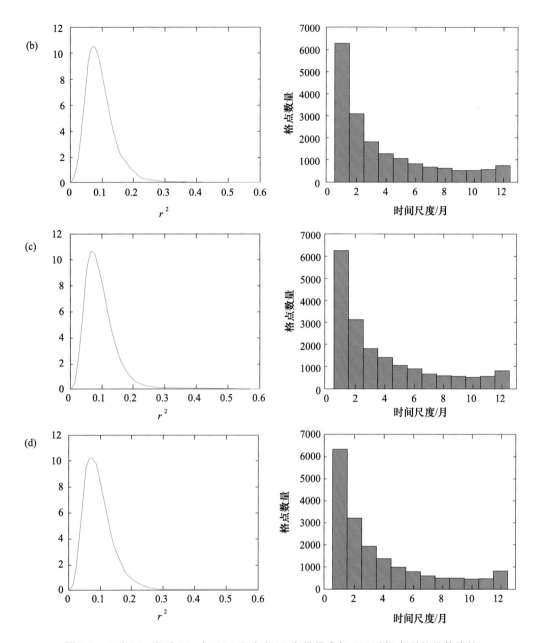

图 4-5　玉米（a）、水稻（b）、大豆（c）和小麦（d）产量异常与 SPI 时间序列的最佳线性
拟合下 r^2 的概率密度曲线和时间尺度的格点数量分布

4.3.4　历史不同干旱下主要作物产量损失状况

　　将作物产量损失定义为不同干旱条件下作物产量与多年平均作物产量之间的差异。根据作物生长季节累计降水量计算年 SPI 指数，根据 SPI 将划分出轻度干旱（$-1.5 < \text{SPI} \leqslant$

－1)、中度干旱(－2＜SPI≤－1.5)和重度干旱(SPI≤－2)。对于不同分区,分别计算多年区域平均作物去趋势化产量和不同干旱发生时的区域平均作物产量,两者差值与多年区域平均作物去趋势化产量的比值即为作物产量的损失状况。

在干旱条件下,区域的作物产量损失为 0～20％,大部分区域作物产量都出现了减少的情况。随着干旱程度的加剧,作物产量损失也有所提升。玉米的产量损失随干旱程度的加剧有着明显变化,在中亚北部、俄罗斯中西部和阿拉伯半岛产量损失最为明显,美国西部和东部、蒙古、南亚、东南亚、南美洲东部和西部的产量损失也较为明显,见图 4-6(a)～(c)。水稻的产量损失存在显著的空间差异,主要发生在澳大利亚、阿拉伯半岛、地中海沿岸、欧洲、俄罗斯西部、中亚北部,见图 4-6(d)～(f)。大豆的产量损失主要发生在澳大利亚、非洲南部、中亚北部和俄罗斯中西部,见图 4-6(g)～(i)。小麦产量损失随干旱程度的变化幅度较小,损失主要发生在东亚、南亚、澳大利亚、美国中部、南美洲大部分地区和俄罗斯的大部分地区,见图 4-6(j)～(l)。

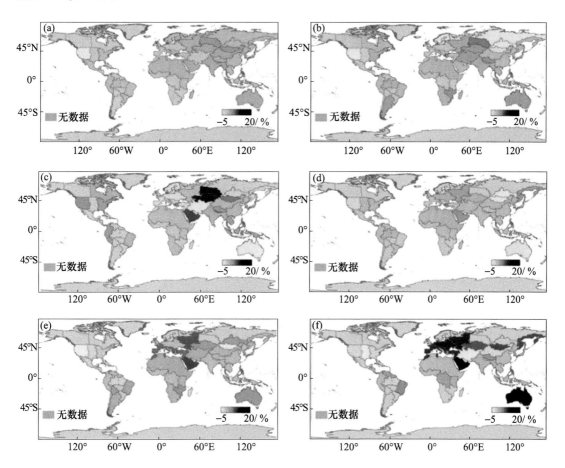

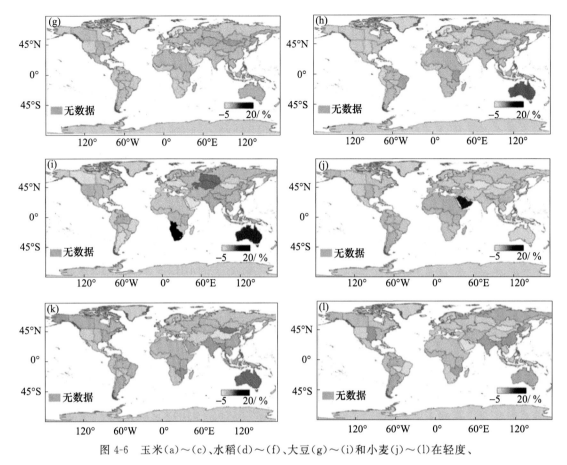

图 4-6 玉米(a)～(c)、水稻(d)～(f)、大豆(g)～(i)和小麦(j)～(l)在轻度、
中度和重度干旱下的产量损失状况

4.3.5 未来不同干旱下主要作物产量损失状况

ISIMIP 中未来作物产量模拟数据主要为 RCP2.6 和 RCP6.0 情景,因此,未来干旱计算考虑的低排放情景和高排放情景分别为 RCP2.6 和 RCP6.0。根据生长季累计降水计算年 SPI 时间序列,并分别计算不同干旱状况下的作物产量平均值,将其与多年平均作物产量之间的相对变化作为干旱损失。低排放和高排放情景下干旱损失状况如图 4-7 和图 4-8所示。

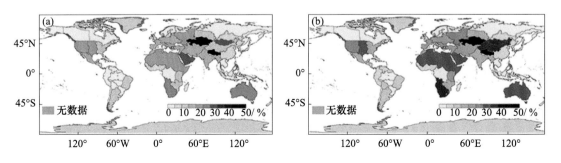

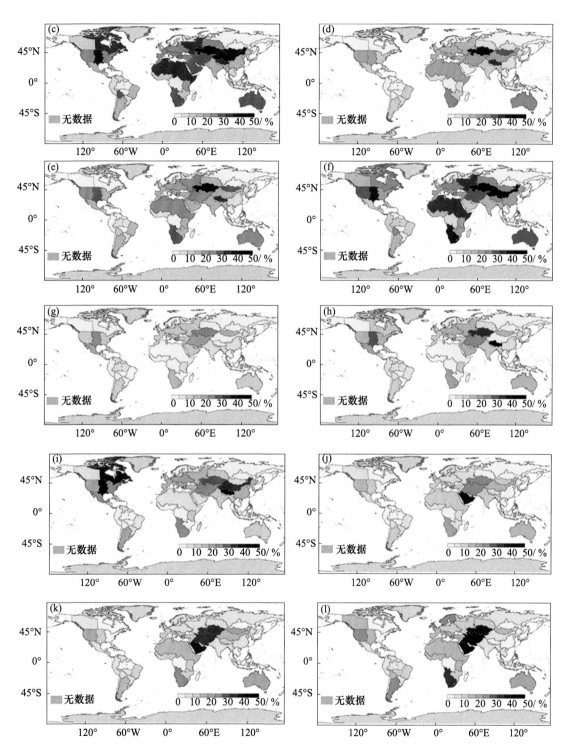

图 4-7　未来低排放情景下玉米(a)～(c)、水稻(d)～(f)、大豆(g)～(i)和小麦(j)～(l)在轻度、
中度和重度干旱下的产量损失状况

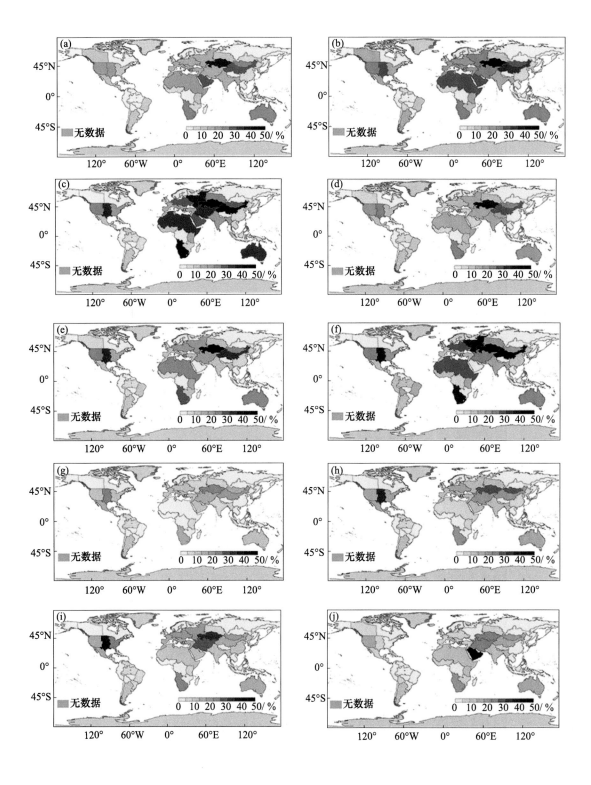

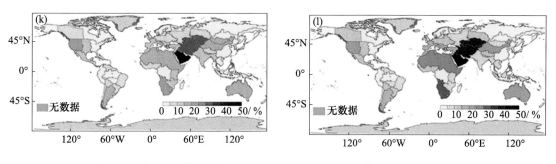

图 4-8　未来高排放情景下玉米(a)~(c)、水稻(d)~(f)、大豆(g)~(i)和

小麦(j)~(l)在轻度、中度和重度干旱下的产量损失状况

在低排放情景下,干旱条件下区域的作物产量损失主要为 0~50%,随着干旱程度的加剧,绝大部分区域的产量损失有着显著的增加。四种主要作物中,玉米和水稻干旱下的损失普遍比较严重,而小麦和大豆的损失则相对较小。玉米的产量在澳大利亚、中亚、中国西北部、欧洲、北非和非洲西南部等地损失较为严重,在严重干旱条件下,损失普遍在 30% 以上,南亚、中国东南部等地区损失也较高,严重干旱条件下,损失在 20% 左右,而北美东部地区和南美的玻利维亚在轻度和中度干旱下,损失较小,但在重度干旱下,损失会出现大幅增加。水稻损失状况的空间分布和损失程度与玉米类似,在中国西南、加拿大东部和阿拉伯半岛的损失程度比玉米小,在非洲中部和南美洲北部的损失程度比玉米大。对于大豆,美国中部、加拿大东部、中国西南部的损失最为严重,严重干旱下超过了 40%,在中国西北部、欧洲、美国西部和东部、墨西哥、非洲西南部、南美洲南部以及中亚除阿拉伯半岛外的地区损失也较大。小麦损失最严重的区域为中亚地区和非洲西南部,而非洲北部、欧洲、美国西部、南美洲南部和澳大利亚的损失次之。

高排放情景在同样干旱情景下的损失状况整体上与低排放情景类似。其中高排放情景较低排放情景而言,考虑严重干旱下产量变化幅度,玉米产量损失在东亚的朝鲜半岛和日本、非洲中部和南部、南美洲北部沿岸、欧洲南部、西亚和除哈萨克斯坦的中亚地区、俄罗斯东部沿海等地增加 5% 左右,在玻利维亚、蒙古、中国西藏地区、美国阿拉斯加州和加拿大地区减少接近或超过 10%。南美洲北部和东部沿岸、新西兰、欧洲大部分地区、哈萨克斯坦、美国阿拉斯加州和俄罗斯北部的水稻产量损失增加 5%;玻利维亚、地中海沿岸、阿拉伯半岛、非洲东南部、智利和加拿大水稻产量损失减少接近或超过 10%。蒙古、美国的阿拉斯加州、俄罗斯大部分地区的大豆产量损失增加超过 10%。在南美洲南部、中国西北部和西藏地区、加拿大减少超过 10%。小麦产量损失在阿拉伯半岛、尼泊尔和不丹、非洲北部、中国西北部和西藏地区增加超过 10%,在欧洲北部、蒙古、俄罗斯北部减少超过 10%。考虑到损失减少的地区 SPI 基本都呈现增加趋势,因此可能受到了生长季降水增加的影响。

4.4 讨 论

从水分供应的角度,气候干旱程度还可通过干旱指数来反映。干旱指数(Aridity Index,AI)是年降水量与潜在蒸散发之间的比值。根据联合国环境规划署(UNEP,1997)的划分标准,将全球划分为极端干旱区(AI<0.03)、干旱区(0.03≤AI<0.2)、半干旱区(0.2≤AI<0.5)、半湿润区(0.5≤AI<0.65)和湿润区(AI≥0.65)。根据 Zomer 等(2022)提供的第三版全球干旱指数和潜在蒸散发数据库(Global-AI_PET_v3),1970—2000 年全球平均AI 值划分出的气候类型的具体空间分布如图 4-9 所示。

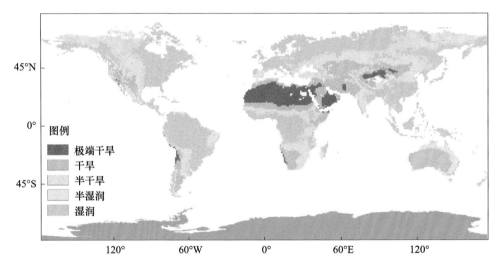

图 4-9 全球平均 AI 值划分的各气候类型的空间分布

由图 4-9 可知,全球干旱地区主要集中于南北回归线附近。其中极端干旱区主要分布于撒哈拉沙漠的中部和北部、中国西北部的塔克拉玛干沙漠附近、阿拉伯半岛北部区域以及东南部的鲁卜哈利沙漠和南美洲西海岸沿线;干旱地区主要分布于澳大利亚大部分地区、蒙古、中亚、中国西北部、撒哈拉沙漠南部、阿拉伯半岛西部、非洲南部、南美洲南部和美国西部的部分地区;半干旱地区主要位于南亚、美国西部、俄罗斯东部地区、澳大利亚除干旱区外的区域以及其他干旱区边缘的带状区域内。

对于农业部门而言,降水和蒸散发等气象基本要素会在很大程度上对种植作物种类分布、种植日历以及农田管理方法等产生影响,在考虑作物产量的损失时,是与该地区作物长期平均产量相比,因此选用了 SPI 指数进行分析。但随着气候变化,全球干旱化趋势加强,干旱地区水分供应更加紧张,从而可能出现作物产量的严重损失。

4.5　结　　论

在过去几十年里,全球年 SPI 变化呈现明显的空间差异,全球有 42％的陆地区域 SPI 呈现下降趋势,即干旱逐渐加剧。由于农业技术水平的提高,玉米、水稻、大豆和小麦四种主要粮食作物在全球大部分地区都表现出增加趋势,在作物主要产区增加幅度更为明显。

作物产量和干旱之间存在相关关系,SPI 可解释约 10％的产量变化,其中 1～3 个月的短期干旱对作物产量的影响最明显。历史和未来两种排放情景中,在不同干旱条件下,全球大部分地区产量都出现了不同程度的减少,但空间差异显著,而随着干旱程度的提高,作物产量损失程度也在提高。未来两种排放情景下,干旱损失状况类似,但考虑到高排放情景下,气候更加极端,很多地区干旱出现的频率将上升,会导致总的产量损失增加。

第 5 章
国家自主贡献中洪旱适应措施全面性评估

气候变暖加速了全球水循环的过程,导致洪水和干旱事件发生的频率和强度发生变化,全球很多地区洪水和干旱的风险大大提高。由于历史排放的影响,在接下来很长一段时间内,全球继续升温是不可避免的,因此采取合适的适应措施对于减少洪水和干旱损失,保证社会经济发展和人民生命财产安全具有重要意义。

通过第 3 章对于洪水的分析表明,对于全球 46 个分区,有 10 个区域年洪水损失超过了 25 亿美元,主要为中国东南部、欧洲南部、美国东部、美国中部、东南亚、地中海沿岸、东亚的朝鲜半岛和日本、美国西部、南亚和俄罗斯的欧洲部分。从单位格点的洪水损失来看,东亚的朝鲜半岛和日本、欧洲北部、美国中部和西部地区较为严重,超过了 2000 万美元每年每格点。全球大部分地区未来两种排放情景下的洪水损失都较历史有所增加,且高排放情景下增加的幅度更为明显。

通过第 4 章对于干旱的分析表明,未来全球有 42% 陆地区域干旱程度提高,撒哈拉沙漠中部和南部、阿拉伯半岛和南美洲西部沿岸提高幅度最大。对于农业干旱,全球大部分分区作物产量在干旱条件下较平均水平都有所下降,且下降幅度随干旱的加剧而提高。历史条件下,全球大部分地区干旱损失在 20% 以下,未来两种排放情景的损失状况类似,损失范围主要为 0~50%。

本章将汇总各国最新版国家自主贡献中与洪水和干旱相关的适应措施,结合对第 3、4 章中全球洪水和干旱状况的分析结果对这些适应措施进行评估,进而指明不足之处并给出建议。

5.1　材料和方法

5.1.1　国家自主贡献

2015 年 12 月在巴黎举办了第 21 届联合国气候变化大会(巴黎气候大会),近 200 个缔约方一致通过了《巴黎协定》,为 2020 年后全球应对气候变化的行动做出了安排。《巴黎协定》确定了将全球平均气温较工业化前上升幅度控制在 2 ℃ 以内,并努力将温度上升幅度限制在 1.5 ℃ 以内的长期目标。该目标的实现需要全球各个国家的共同努力,为此,《巴黎协定》要求建立国家自主贡献(Nationally Determined Contributions,NDC)的机制以促进其执行,并要求各缔约方每 5 年一次提交国家自主贡献报告。

《巴黎协定》指出,其目标之一是提高"适应气候变化不利影响的能力,促进气候适应能力和温室气体低排放发展"(第 2 条)。《巴黎协定》还确立了"增强适应能力,增强抵御能力,降低对气候变化的脆弱性"(第 7 条)的全球目标,但最初的 NDC 是以减缓为主的。由于全球升温趋势在短期内不可逆以及越来越频繁的气候灾害的出现,近些年来,NDC 中适应部分受到了越来越多的重视,尤其是对于大部分发展中国家、最不发达国家和小岛屿国家而言,其对全球变暖的贡献较为有限,却极容易受到气候变化的影响。

《巴黎协定》要求各缔约方提交的 NDC 中包括了减缓和适应两个部分,近些年来,适应相关的内容受到了越来越多的重视,因此,本研究中全球各国洪水和干旱适应措施以各国提交的 NDC 中的措施为准。本研究汇总和评估了截至 2023 年 2 月,196 个缔约方提交的 168 份最新版 NDC 报告中洪水和干旱相关的适应措施,报告来自于联合国气候变化框架公约(https://unfccc.int/NDCREG)。UNFCCC 将缔约方国家划分在 5 个大洲 20 个区域,具体国家名单及其所属区域如表 5-1 所示。

目前对于提交了 NDC 的 196 个缔约方国家中,有 24 个国家的最新版报告是第一版报告,有 26 个国家为第三版,还有 2 个国家提交了第四版报告,其余的大多数国家最新版报告均为第二版。

表 5-1 缔约方国家名单及其所在区域

洲	区域	国家
美洲	北美	美国、加拿大
	拉丁美洲及加勒比地区	巴巴多斯、阿根廷、委内瑞拉、巴拉圭、巴哈马、伯利兹、海地、巴拿马、智利、安提瓜和巴布达、哥斯达黎加、尼加拉瓜、古巴、多米尼加、萨尔瓦多、格林纳达、圭亚那、墨西哥、哥伦比亚、危地马拉、洪都拉斯、玻利维亚、厄瓜多尔、秘鲁、圣卢西亚、圣文森特和格林纳丁斯、圣基茨和尼维斯、苏里南、多米尼克、特立尼达和多巴哥、巴西、牙买加、乌拉圭
非洲	中非	加蓬、乍得、喀麦隆、刚果、中非、刚果(布)、赤道几内亚、安哥拉、圣多美和普林西比
	北非	阿尔及利亚、突尼斯、埃及、摩洛哥、苏丹
	南非	博茨瓦纳、斯瓦蒂尼、莱索托、纳米比亚、南非

续表

洲	区域	国家
非洲	西非	塞拉利昂、佛得角、几内亚、多哥、贝宁、科特迪瓦、尼日尔、毛里塔尼亚、塞内加尔、加纳、利比里亚、马里、尼日利亚、布基纳法索、冈比亚
	东非	布隆迪、科摩罗、埃塞俄比亚、索马里、毛里求斯、赞比亚、吉布提、肯尼亚、马达加斯加、马拉维、莫桑比克、厄立特里亚、卢旺达、塞舌尔、南苏丹、坦桑尼亚、乌干达、津巴布韦
亚洲	中亚	哈萨克斯坦、塔吉克斯坦、土库曼斯坦、乌兹别克斯坦、吉尔吉斯斯坦
	东亚	韩国、蒙古、日本、朝鲜、中国
	东南亚	柬埔寨、文莱、印度尼西亚、马来西亚、缅甸、老挝、菲律宾、新加坡、泰国、东帝汶、越南
	南亚	斯里兰卡、阿富汗、印度、马尔代夫、孟加拉国、巴基斯坦、尼泊尔、不丹
	西亚	沙特阿拉伯、叙利亚、阿塞拜疆、伊拉克、科威特、黎巴嫩、格鲁吉亚、亚美尼亚、巴林、以色列、卡塔尔、阿曼、土耳其、巴勒斯坦、约旦、阿联酋、塞浦路斯
欧洲	东欧	白俄罗斯、保加利亚、捷克、匈牙利、波兰、摩尔多瓦、罗马尼亚、俄罗斯、斯洛伐克、乌克兰
	北欧	丹麦、爱沙尼亚、芬兰、冰岛、爱尔兰、拉脱维亚、立陶宛、挪威、瑞典、大不列颠及北爱尔兰联合王国
	南欧	阿尔巴尼亚、安道尔、波黑、克罗地亚、希腊、意大利、马耳他、黑山、北马其顿、葡萄牙、圣马力诺、塞尔维亚、斯洛文尼亚、西班牙
	西欧	奥地利、比利时、法国、德国、列支敦士登、卢森堡、摩纳哥、荷兰、瑞士
大洋洲	澳大利亚和新西兰	澳大利亚、新西兰
	波利尼西亚	库克群岛、纽埃、萨摩亚、汤加、图瓦卢
	美拉尼西亚	所罗门群岛、巴布亚新几内亚、斐济、瓦努阿图
	密克罗尼西亚	基里巴斯、瑙鲁、帕劳、马绍尔群岛、密克罗尼西亚联邦

5.1.2 洪水和干旱适应措施评价

适应的目的是减少气候变化对人类的损害,适应的主题涉及了从地区到全球,从个人、社区、企业到政府等各个层面,损害也包括了经济损失、人员伤亡、对公众健康乃至舒适度的影响,这就使得对适应措施的评估变得困难。NDC 为适应措施的评估搭建了一个互相交流的平台,对于建立一个完善的全球气候变化适应体系具有重要意义。

NDC 中洪水和干旱适应措施主要可以分为以下几个方面,具体的措施如表 5-2 和表 5-3
所示。

表 5-2　NDC 中干旱适应措施分类

适应措施	措施详情
合理开发,优化水资源管理	地下水可持续利用 适应气候变化的水资源配置 法律和体制框架构建
提高水资源利用效率	节水灌溉和管网优化 节水政策 公众节约用水
非常规水资源利用	雨水收集 海水淡化 废水处理再利用
水质保护	污水处理 水质监测
干旱风险管理	监测和预警系统 应急措施 应急资金
能力建设	气候变化纳入政策主流 提高相关部门适应抵御干旱的能力 科研投入
公众参与	宣传、教育 提高灾害信息的可获取性和质量
供水和储水基础设施	供水系统保证供水安全 提高人均储水量
基于自然的解决方案	湿地保护

对各缔约方国家最新版 NDC 进行评估,NDC 报告中出现表 5-2 和表 5-3 中的每条具体
措施记作 1 分,其中灾害风险综合管理等较为宏观,缺乏具体执行方法的情况,记作 3 分。
对各国所有的洪水和干旱适应措施得分分别相加,得到最终的分数。对于并未在 NDC 中给
出具体适应措施,但提及了国家适应报告的国家,在评分时,分数取国家所在区域的平均
水平。

表 5-3　NDC 中洪水适应措施分类

适应措施	措施详情
基于自然的解决方案	森林保护,减少砍伐,植树造林 湿地保护 红树林保护与修复
洪水风险管理	监测和预警系统 应急预案 应急资金
能力建设	气候变化纳入政策主流 提高相关部门适应抵御洪水的能力 科研投入
公众参与	宣传、教育 提高灾害信息的可获取性和质量
基础设施	水库大坝等防洪基础设施 农田、道路防洪和城市排水系统 住宅等基础设施适应气候变化 基础设施规划,高风险基础设施迁移

5.2　研究结果

各国对于洪水和干旱适应的重视程度会受到气候状况和未来风险变化的影响,但不完全相关。对于洪水的适应而言,在洪水损失较高的中国、南亚和东南亚地区评分较高,在偏干旱的中亚、西亚、澳大利亚和非洲等地分数较低。但在南美洲南部和非洲中部等地,洪水损失较高,且未来气候变化下风险增加的地区对洪水风险的重视程度还有待提高。对于干旱的适应而言,南亚、中国、蒙古、中亚和非洲东部等干旱频发的地区分数较高,但非洲其他地区和澳大利亚等气候干旱的地区,分数却较低,反映了对于干旱的适应不足。

洪水和干旱适应措施分析按照大洲进行,具体结果如下。

5.2.1　各大洲洪水和干旱适应措施评估

5.2.1.1　亚洲

在 46 个亚洲缔约方国家中,哈萨克斯坦、日本、朝鲜、阿塞拜疆未提及适应措施,文莱、菲律宾、泰国、孟加拉国、不丹、亚美尼亚和阿曼的适应措施在国家适应报告等文件中,其余国家的适应措施中均提及了对洪水和干旱的适应。

(1)干旱适应措施

西亚地区水资源短缺问题较为突出,其干旱适应措施中对提高水资源利用效率和非常规水资源开发利用较为重视。但其适应措施中对于干旱风险管理的关注度略有不足,考虑到该地区水资源的稀缺性和政治环境的复杂性,水资源在很大程度上影响着其政治安全和社会稳定,因此,建立良好的国际合作关系对于维持地区政治稳定,共同应对干旱问题是很必要的(于飞 等,2022)。

中亚地区农业基础设施落后导致农业用水浪费问题比较突出,因此,加快基础设施建设十分必要。中亚地区跨境河流众多,水资源空间分布不均,由此导致的水资源分配问题一直是影响中亚各国关系的重要因素,然而,在中亚各国提交的 NDC 报告中并没有提及该问题相关的措施,未来水安全风险的升高,可能会激化该矛盾(于飞 等,2022)。

南亚地区是全世界水旱灾害最严重的地区,干旱在该地区比较普遍,水资源利用率低和水污染严重是该地区比较突出的问题。为解决这些问题,南亚各国提出了对应的适应措施,主要包括:建立干旱预警系统和灾害预案;建设能够适应气候变化的基础设施;实施耐胁迫品种改良和栽培等。印度特别提到了"恒河清理计划",以此来解决恒河的水污染问题。考虑南亚地区人口众多,人均水资源不足,跨境河流引发的水争端时常发生,未来随着气候变化和人口的增长,该问题还可能会进一步激化,解决跨境河流的水资源分配问题对缓解南亚地区水资源短缺问题,保证地区政治安全至关重要。此外,南亚国家洪水和干旱问题共存,水资源时空分布不均,还有,除印度外,南亚国家水库库容普遍较小,因此加强基础设施建设,尤其是水库的建设,有助于解决南亚地区水资源时空分布不均问题,从而降低水资源短缺以及洪水的风险(于飞 等,2022)。

东南亚地区总体而言水资源较为丰富,只有新加坡由于国土面积狭小而蓄水能力不足。作为东南亚唯一的缺水国家,新加坡并没有在其适应措施中提到水资源短缺的问题,可见其在这方面的认识存在不足,建议可以通过收集和储存雨水、海水淡化和水资源回收再利用可以在一定程度上缓解缺水问题(于飞 等,2022)。

东亚国家中,日本和朝鲜 NDC 中缺乏适应相关的内容。中国的适应措施比较注重宏观调控。对于农业、基础设施和防灾减灾的关注体现中国对社会稳定发展和百姓生活保障的重视。韩国的适应措施比较重视干旱风险的管理、基础科学的投入和公众的参与。蒙古更重视提高相关部门干旱风险的抵御能力、水资源高效利用以及干旱预警和减灾方法的引进和推广。亚洲各国 NDC 中干旱适应措施及其对应国家如表5-4所示。

表 5-4 亚洲国家 NDC 中干旱适应措施

适应措施	国家
合理开发，优化水资源管理	塔吉克斯坦、土库曼斯坦、中国、蒙古、柬埔寨、印度尼西亚、马来西亚、越南、斯里兰卡、阿富汗、马尔代夫、老挝、沙特阿拉伯、科威特、巴林、约旦、黎巴嫩、以色列、卡塔尔
提高水资源利用效率	塔吉克斯坦、土库曼斯坦、乌兹别克斯坦、吉尔吉斯斯坦、中国、蒙古、斯里兰卡、缅甸、马尔代夫、越南、沙特阿拉伯、叙利亚、黎巴嫩、巴勒斯坦、约旦、科威特、卡塔尔
非常规水资源利用	塔吉克斯坦、蒙古、马来西亚、缅甸、斯里兰卡、马尔代夫、沙特阿拉伯、叙利亚、巴林、巴勒斯坦、阿联酋、科威特、以色列、卡塔尔、约旦
水质保护	塔吉克斯坦、乌兹别克斯坦、马来西亚、斯里兰卡、老挝、沙特阿拉伯、叙利亚、以色列、巴勒斯坦
干旱风险管理	塔吉克斯坦、土库曼斯坦、乌兹别克斯坦、吉尔吉斯斯坦、韩国、蒙古、中国、柬埔寨、印度尼西亚、缅甸、东帝汶、越南、斯里兰卡、阿富汗、马尔代夫、尼泊尔、老挝、沙特阿拉伯、叙利亚、黎巴嫩、约旦、格鲁吉亚、巴林、阿联酋
能力建设	塔吉克斯坦、土库曼斯坦、乌兹别克斯坦、吉尔吉斯斯坦、韩国、蒙古、中国、马来西亚、缅甸、斯里兰卡、阿富汗、尼泊尔、柬埔寨、印度尼西亚、老挝、东帝汶、越南、马尔代夫、斯里兰卡、叙利亚、黎巴嫩、格鲁吉亚、巴林、以色列、巴勒斯坦、约旦、阿联酋、科威特
公众参与	塔吉克斯坦、吉尔吉斯斯坦、韩国、蒙古、柬埔寨、印度尼西亚、缅甸、老挝、东帝汶、越南、斯里兰卡、阿富汗、尼泊尔、以色列、卡塔尔、约旦
供水和储水基础设施	乌兹别克斯坦、吉尔吉斯斯坦、蒙古、柬埔寨、东帝汶、越南、斯里兰卡、阿富汗、尼泊尔、马来西亚、缅甸、沙特阿拉伯、科威特、约旦
基于自然的解决方案	中国、约旦

（2）洪水适应措施

南亚和东南亚都是洪水的多发区，且洪水风险会随着气候变化进一步加剧。南亚和东南亚灾害损失数据的研究表明，洪水发生频次呈显著增加趋势，但单次洪水灾害的死亡人数不断下降（王毅 等，2021），说明这两个地区对于洪水的适应能力在逐渐提高。而洪水损失的计算结果表明，南亚和东南亚损失总量较大，高排放情景下未来单位面积的洪水损失出现显著增加。目前南亚和东南亚的适应措施重点为洪水风险管理和能力建设，基础设施建设有所缺乏，尤其是在洪水和干旱并存的南亚地区，水库等基础设施建设可以有效缓解水资源时间分布不均的问题，从而降低洪水风险，减少洪水损失（于飞 等，2022）。

西亚和中亚地区情况类似，历史洪水问题较少，缺乏对其的关注。然而随着全球气候变化，这两个地区的极端降水事件发生的频率也有所增加，对于洪水损失的计算结果表明，西亚和中亚地区在未来两种排放情景下，洪水损失相对于历史时期的变化幅度均超过了

100%，高排放情景下更是接近 200%。而由于缺乏关注，洪水一旦发生，则可能造成较大的损失。因此，有必要提高科研水平，明确未来的洪水风险，并加强水文监测和洪水预警，做好应急预案，并对基础设施进行优化，避免出现重大洪水损失。

东亚地区 NDC 中日本和朝鲜未提及适应措施，蒙古、韩国和中国的洪水适应措施较为全面。中国的洪水灾害发生频繁，损失严重，洪水的防控一直都是中国关注的重点。中国 NDC 中洪水相关的适应措施主要包括：提高水利等基础设施在气候变化条件下的安全运营能力；加强海洋灾害防护能力建设和海岸带综合管理；健全极端天气气候事件应急响应机制；加强防灾减灾应急管理体系建设。与干旱适应措施类似，中国洪水适应措施比较重视宏观调控和防灾减灾。此外，新中国成立以来，中国水利建设的成就举世瞩目，诸多水利建筑物构成中国防控洪水的重要防线。而气候变化导致的极端降水等事件频率和强度的升高，可能会使得已有的水工建筑物不再满足安全系数的要求，因此提出提高水利等基础设施在气候变化条件下的安全运营能力的适应措施是非常必要的（于飞 等，2022）。亚洲各国 NDC 中洪水适应措施及其对应国家如表 5-5 所示。

表 5-5　亚洲国家 NDC 中洪水适应措施

适应措施	国家
基于自然的解决方案	土库曼斯坦、蒙古、中国、印度尼西亚、马来西亚、缅甸、越南、阿富汗、巴基斯坦、斯里兰卡、马尔代夫、沙特阿拉伯、叙利亚、黎巴嫩、巴林、约旦、阿联酋、卡塔尔
洪水风险管理	塔吉克斯坦、土库曼斯坦、吉尔吉斯斯坦、韩国、蒙古、中国、柬埔寨、印度尼西亚、马来西亚、缅甸、老挝、东帝汶、越南、斯里兰卡、马尔代夫、巴基斯坦、尼泊尔、沙特阿拉伯、叙利亚、黎巴嫩、约旦、阿联酋、格鲁吉亚、巴林
能力建设	塔吉克斯坦、韩国、蒙古、柬埔寨、马来西亚、缅甸、老挝、斯里兰卡、阿富汗、马尔代夫、尼泊尔、中国、东帝汶、越南、吉尔吉斯斯坦、印度尼西亚、巴基斯坦、科威特、黎巴嫩、格鲁吉亚、巴林、以色列、卡塔尔、约旦、巴勒斯坦
公众参与	韩国、中国、柬埔寨、印度尼西亚、缅甸、老挝、东帝汶、越南、斯里兰卡、巴基斯坦、尼泊尔、以色列、卡塔尔、约旦
基础设施	塔吉克斯坦、乌兹别克斯坦、中国、印度尼西亚、缅甸、越南、斯里兰卡、巴基斯坦、柬埔寨、东帝汶、马尔代夫、沙特阿拉伯、约旦、阿联酋、黎巴嫩、巴勒斯坦

5.2.1.2　非洲

非洲地区整体比较干旱，除了中非和西非南部沿海地区，其余区域主要为干旱和半干旱地区。而从图 4-1 可知，非洲整体的年 SPI 变化趋势呈下降趋势，即干旱加剧，尤其是北非、西非和中非地区下降趋势最为明显。

（1）干旱适应措施

非洲整体而言比较重视干旱的适应。北非和西非的适应措施是重视干旱风险管理，尤其是干旱灾害的监测与预警系统的建设。适应能力建设也是关注的重点，尤其是为农业部门的适应，包括耐旱作物的研发与推广和农民适应气候变化能力建设。从气候和水分供应条件来看，北非和西非北部较为类似，位于或临近撒哈拉沙漠，处于极端干旱地区，水分供应不足。因此除上述适应措施外，应加强供水储水基础设施的建设，保证供水安全，同时进一步提高水资源利用效率和开发利用非常规水资源。

东非和非洲南部是非洲受旱灾影响最为严重的区域，干旱频率高，影响人口多（李婵娟等，2016）。东非和非洲南部在 NDC 中将干旱风险管理作为适应措施的重点之一，有利于减少干旱损失。考虑到极易受到干旱影响的农业部门是非洲最重要的产业之一，也是大部分非洲国家最主要的经济来源，东非和非洲南部又是非洲农业的重点地区，因此，部门尤其是农业部门适应能力的提高作为东非和非洲南部干旱适应措施的重点是合理的。

非洲中部的适应重点为干旱风险管理、能力建设以及供水和储水基础设施建设，其中能力建设主要为农业部门的适应能力和科研投入。非洲中部以湿润和半湿润地区为主，干旱状况与非洲其他地区相比较轻，因此加强科研投入，了解气候变化背景下的干旱风险变化，建设干旱监测和预警系统，可以减少或避免非洲中部地区未来可能发生的干旱损失。非洲各国干旱适应措施及其对应国家如表5-6所示。

表 5-6　非洲国家 NDC 中干旱适应措施

适应措施	国家
合理开发，优化水资源管理	中非、赤道几内亚、埃及、摩洛哥、莱索托、纳米比亚、苏丹、几内亚、贝宁、科特迪瓦、塞内加尔、马里、尼日利亚、尼日尔、科摩罗、索马里、马达加斯加、塞舌尔、坦桑尼亚、乌干达、津巴布韦
提高水资源利用效率	乍得、刚果、中非、刚果（布）、埃及、摩洛哥、苏丹、斯瓦蒂尼、莱索托、纳米比亚、塞拉利昂、佛得角、几内亚、多哥、尼日尔、利比里亚、贝宁、尼日利亚、毛里求斯、马拉维、莫桑比克、塞舌尔、索马里、吉布提、卢旺达、赞比亚、肯尼亚
非常规水资源利用	乍得、刚果（布）、突尼斯、埃及、摩洛哥、苏丹、斯瓦蒂尼、莱索托、纳米比亚、多哥、利比里亚、马里、佛得角、塞内加尔、布隆迪、索马里、毛里求斯、马拉维、莫桑比克、塞舌尔、厄立特里亚、吉布提
水质保护	刚果、刚果（布）、安哥拉、埃及、摩洛哥、斯瓦蒂尼、塞拉利昂、几内亚、多哥、贝宁、尼日尔、马里、尼日利亚、布隆迪、肯尼亚、厄立特里亚、南苏丹、坦桑尼亚、乌干达、毛里求斯、马拉维
干旱风险管理	乍得、喀麦隆、刚果、中非、刚果（布）、赤道几内亚、安哥拉、圣多美和普林西比、阿尔及利亚、埃及、摩洛哥、苏丹、斯瓦蒂尼、莱索托、纳米比亚、南非、塞拉利昂、佛得角、几内亚、多哥、贝宁、尼日尔、塞内加尔、利比里亚、索马里、赞比亚、吉布提、肯尼亚、马达加斯加、马拉维、莫桑比克、卢旺达、塞舌尔、南苏丹、坦桑尼亚、乌干达、津巴布韦、毛里求斯

续表

适应措施	国家
能力建设	加蓬、喀麦隆、刚果、中非、刚果(布)、赤道几内亚、安哥拉、圣多美和普林西比、阿尔及利亚、突尼斯、埃及、摩洛哥、苏丹、斯瓦蒂尼、莱索托、纳米比亚、南非、塞拉利昂、佛得角、几内亚、多哥、科特迪瓦、尼日尔、塞内加尔、利比里亚、马里、尼日利亚、布隆迪、科摩罗、索马里、毛里求斯、赞比亚、吉布提、肯尼亚、马达加斯加、莫桑比克、厄立特里亚、卢旺达、塞舌尔、南苏丹、坦桑尼亚、乌干达、津巴布韦
公众参与	乍得、喀麦隆、中非、刚果(布)、赤道几内亚、布隆迪、科摩罗、索马里、毛里求斯、肯尼亚、莫桑比克、坦桑尼亚、乌干达
供水和储水基础设施	乍得、刚果、中非、刚果(布)、安哥拉、圣多美和普林西比、摩洛哥、苏丹、斯瓦蒂尼、莱索托、纳米比亚、博茨瓦纳、塞拉利昂、佛得角、多哥、马里、尼日利亚、塞内加尔、布隆迪、索马里、赞比亚、吉布提、肯尼亚、马拉维、莫桑比克、厄立特里亚、卢旺达、南苏丹、乌干达、科摩罗、坦桑尼亚
基于自然的解决方案	尼日利亚、毛里求斯、卢旺达、南苏丹、乌干达

(2)洪水适应措施

非洲除了中部以外地区洪水总损失和单位格点的洪水损失普遍较低,在低排放情景下,非洲南部、东非和西非南部未来的洪水损失呈现减少趋势,而在高排放情景下,东非和西非南部的洪水损失较历史情景下略有增加。在该气候条件下,非洲除中部地区外国家的适应措施主要为灾害风险管理,包括预警和应急预案,防洪基础设施建设以及能力建设,考虑到这些国家气候长期较为干旱,NDC报告中的灾害风险管理很可能主要是针对干旱的适应。未来越来越极端的气候条件下,这些国家出现洪水的风险也在上升,如2023年2月的南印度洋旋风"弗雷迪"在非洲登陆,便给非洲东部和南部带来了大量降水,从而导致洪水风险,南非更是因为连续暴雨导致的破坏性洪水而宣布进入"国家灾难状态"。历史洪水较少的区域往往缺乏洪水灾害管理经验和防洪基础设施,将导致洪水损失的大幅增加,因此,这些国家的灾害风险管理中需要考虑洪水问题,做好洪水应急预案,以应对越来越极端的气候条件。

非洲中部地区未来洪水损失呈现增加趋势,低排放情景下未来年均洪水损失为历史水平的1倍以上,高排放情景下更是接近2倍。非洲中部国家主要的适应措施为洪水风险管理和防洪基础设施建设,同时增加科研投入,评估洪水脆弱性并绘制洪水灾害地图,进行森林管理,植树造林,减少砍伐,增加森林覆盖率。目前,非洲中部适应措施还存在的主要问题为公众参与水平较低。对洪水灾害数据统计显示,与全球其他大陆不同,非洲每次洪水事件的死亡人数是呈上升趋势的(Hu et al.,2018),而通过增强灾害知识以及应对措施的宣传和教育,提高公众,尤其是女性和儿童等气候脆弱群体的适应能力,可以减少洪水事件中人员伤亡的情况。非洲各地区洪水适应措施及其对应国家如表5-7所示。

表 5-7　非洲国家 NDC 中洪水适应措施

适应措施	国家
基于自然的解决方案	乍得、刚果、中非、刚果（布）、圣多美和普林西比、突尼斯、摩洛哥、斯瓦蒂尼、纳米比亚、加蓬、埃及、苏丹、塞拉利昂、几内亚、多哥、贝宁、科特迪瓦、尼日尔、尼日利亚、科摩罗、塞内加尔、索马里、毛里求斯、吉布提、肯尼亚、马达加斯加、马拉维、莫桑比克、卢旺达、南苏丹、坦桑尼亚、乌干达、塞舌尔
洪水风险管理	乍得、喀麦隆、刚果、中非、刚果（布）、赤道几内亚、安哥拉、圣多美和普林西比、阿尔及利亚、突尼斯、埃及、摩洛哥、苏丹、斯瓦蒂尼、莱索托、纳米比亚、南非、塞拉利昂、佛得角、多哥、贝宁、科特迪瓦、尼日尔、利比里亚、索马里、赞比亚、毛里求斯、吉布提、肯尼亚、马达加斯加、马拉维、莫桑比克、卢旺达、塞舌尔、南苏丹、坦桑尼亚、乌干达、津巴布韦
能力建设	加蓬、喀麦隆、刚果（布）、赤道几内亚、安哥拉、突尼斯、埃及、摩洛哥、苏丹、斯瓦蒂尼、纳米比亚、南非、阿尔及利亚、中非、圣多美和普林西比、几内亚、毛里求斯、赞比亚、吉布提、肯尼亚、马达加斯加、莫桑比克、塞舌尔、塞拉利昂、贝宁、科特迪瓦、尼日尔、塞内加尔、尼日利亚、布隆迪、科摩罗、索马里、佛得角、多哥、毛里求斯、南苏丹、乌干达
公众参与	乍得、喀麦隆、中非、刚果（布）、突尼斯、埃及、布隆迪、索马里、毛里求斯、肯尼亚、莫桑比克、坦桑尼亚、乌干达、津巴布韦
基础设施	加蓬、喀麦隆、中非、刚果、刚果（布）、安哥拉、埃及、圣多美和普林西比、埃及、摩洛哥、斯瓦蒂尼、莱索托、纳米比亚、南非、尼日尔、多哥、塞内加尔、利比里亚、塞拉利昂、马里、尼日利亚、科摩罗、索马里、肯尼亚、马达加斯加、卢旺达、塞舌尔、吉布提、马拉维、莫桑比克、坦桑尼亚、乌干达、津巴布韦、南苏丹

5.2.1.3　欧洲

欧洲只有摩尔多瓦、阿尔巴尼亚、塞尔维亚和摩纳哥四个国家在最新版 NDC 报告中涵盖了洪水和干旱的适应措施。

（1）干旱适应措施

摩尔多瓦和阿尔巴尼亚的干旱适应措施较为全面，塞尔维亚注重灾害监测和预警系统，提高部门，尤其是农业部门抵御干旱的能力以及提高储水能力；摩纳哥未提及干旱适应措施。

对于欧洲其他地区，除了挪威和列支敦士登，其他国家在 NDC 中说明了气候适应信息于国家适应计划等文件之中，且普遍较为重视气候变化的影响，特别是自 2000 年启动的《欧盟水框架指令》，使得欧盟国家在水资源管理领域取得了巨大成就，对干旱的适应起到了重要作用。研究表明，欧洲干旱损失可能会随着全球变暖而大幅增加（Naumann et al.，2021），因此，还需要持续关注气候变化背景下干旱状况的变化，对适应措施及时调整和补充。

（2）洪水适应措施

摩尔多瓦和阿尔巴尼亚的洪水适应措施较为全面，其中摩尔多瓦受限于经济水平，其基础设施情况较差,适应措施中缺乏防洪基础设施建设。塞尔维亚注重灾害监测和预警系统、防洪设施建设以及植树造林。摩纳哥适应措施主要包括洪水风险研究、防洪基础设施以及植树造林。

欧洲其他国家并没有在其 NDC 中提到防洪防汛的内容。实际上,欧洲地区的洪水问题一直存在并得到了广泛关注,欧洲在洪水防治方面也采取了诸多措施,除水坝和防洪堤等的建设,近年来,欧盟委员会更提倡利用绿色基础设施进行防洪防汛(罗伯特 等,2015),这与中国"海绵城市"的理念非常类似。因此,需要在适应措施中补充相关适应措施,以有利于全球气候变化适应体系的建设。

5.2.1.4　美洲

北美洲的美国和加拿大的适应措施记录于各自的国家适应计划中。33 个南美洲的国家中,有 21 个国家 NDC 中提及了洪水和干旱的适应措施,此外,巴西、安提瓜和巴布达、苏里南等国在 NDC 中明确了相应的国家适应计划。

(1)干旱适应措施

南美洲整体气候比较湿润,只有西部沿岸的秘鲁、智利、阿根廷南部和巴西东部沿海区域为干旱或半干旱地区。从气候变化的角度而言,未来美洲西部沿岸和巴西的大部分地区的 SPI 呈下降趋势,即干旱程度提高。而这些地区中,阿根廷、秘鲁和巴西的 NDC 中未提及干旱适应措施。智利的适应措施主要包括水质保护、干旱风险管理、供水和储水基础设施建设,考虑到智利的干旱状况,提高水资源利用效率以及非常规水资源开发利用,尤其进行海水淡化可以增加国家的干旱适应能力。其余国家的适应措施主要包括干旱风险管理和能力建设,以应对气候变化下干旱发生的风险。南美洲各国 NDC 中的干旱适应措施及其对应国家如表 5-8 所示。

表 5-8　南美洲国家 NDC 中干旱适应措施

适应措施	国家
合理开发,优化水资源管理	巴巴多斯、委内瑞拉、哥斯达黎加、尼加拉瓜、圣文森特和格林纳丁斯、圣基茨和尼维斯、巴拉圭、伯利兹、危地马拉、洪都拉斯、玻利维亚
提高水资源利用效率	伯利兹、海地、尼加拉瓜、多米尼加、洪都拉斯、玻利维亚、巴巴多斯、萨尔瓦多、圣基茨和尼维斯
非常规水资源利用	巴巴多斯、委内瑞拉、巴拉圭、巴哈马、尼加拉瓜、圣文森特和格林纳丁斯、多米尼克、海地、萨尔瓦多、墨西哥、哥伦比亚、乌拉圭
水质保护	委内瑞拉、伯利兹、海地、智利、哥斯达黎加、哥伦比亚、多米尼克、墨西哥、危地马拉、厄瓜多尔

适应措施	国家
干旱风险管理	委内瑞拉、巴拉圭、巴哈马、伯利兹、智利、哥斯达黎加、多米尼加、萨尔瓦多、墨西哥、哥伦比亚、危地马拉、洪都拉斯、厄瓜多尔、圣基茨和尼维斯、多米尼克、乌拉圭
能力建设	巴巴多斯、委内瑞拉、巴拉圭、巴哈马、伯利兹、海地、哥斯达黎加、尼加拉瓜、多米尼加、萨尔瓦多、墨西哥、哥伦比亚、危地马拉、洪都拉斯、厄瓜多尔、圣文森特和格林纳丁斯、圣基茨和尼维斯、多米尼克、乌拉圭
公众参与	委内瑞拉、伯利兹、巴拉圭、哥斯达黎加、尼加拉瓜、萨尔瓦多、玻利维亚、厄瓜多尔、圣文森特和格林纳丁斯、圣基茨和尼维斯、多米尼克
供水和储水基础设施	巴巴多斯、海地、洪都拉斯、委内瑞拉、智利、哥斯达黎加、尼加拉瓜、多米尼加、玻利维亚、厄瓜多尔、圣基茨和尼维斯
基于自然的解决方案	巴拉圭、玻利维亚、乌拉圭

(2)洪水适应措施

南美洲大部分地区为湿润地区,历史时期洪水损失总量和单位格点的洪水损失均处于较高水平,在未来两种气候变化情景下,除了巴西的大部分地区外,洪水损失均呈现增加趋势,因此采取合适的适应措施至关重要。绝大多数南美洲国家均提及了较为全面的洪水适应措施,但在公众参与方面有所缺乏,可以加强宣传和教育,提高灾害信息的可获得性和质量,以减少脆弱性。南美洲各国 NDC 中的洪水适应措施及其对应国家如表 5-9 所示。

表 5-9　南美洲国家 NDC 中洪水适应措施

适应措施	国家
基于自然的解决方案	委内瑞拉、巴哈马、伯利兹、海地、尼加拉瓜、哥斯达黎加、多米尼加、萨尔瓦多、哥伦比亚、墨西哥、危地马拉、洪都拉斯、玻利维亚、厄瓜多尔、圣文森特和格林纳丁斯、多米尼克、乌拉圭
洪水风险管理	巴巴多斯、巴拉圭、巴哈马、伯利兹、智利、哥斯达黎加、尼加拉瓜、多米尼加、萨尔瓦多、墨西哥、哥伦比亚、玻利维亚、危地马拉、洪都拉斯、圣基茨和尼维斯、多米尼克、乌拉圭
能力建设	巴巴多斯、委内瑞拉、巴哈马、哥斯达黎加、萨尔瓦多、哥伦比亚、多米尼加、危地马拉、洪都拉斯、玻利维亚、厄瓜多尔、圣文森特和格林纳丁斯、圣基茨和尼维斯、乌拉圭、伯利兹、多米尼克
公众参与	巴哈马、哥斯达黎加、厄瓜多尔、圣文森特和格林纳丁斯、圣基茨和尼维斯、多米尼克
基础设施	巴巴多斯、委内瑞拉、伯利兹、巴拉圭、海地、智利、哥斯达黎加、尼加拉瓜、多米尼加、哥伦比亚、萨尔瓦多、墨西哥、玻利维亚、洪都拉斯、圣文森特和格林纳丁斯、圣基茨和尼维斯、多米尼克、乌拉圭

5.2.1.5　大洋洲

16 个大洋洲国家中,新西兰和库克群岛在 NDC 中提到,将各自的适应措施记录于国家信息通报等国家规划文件中。

（1）干旱适应措施

澳大利亚气候以半干旱为主,东部地区年 SPI 呈下降趋势,未来干旱风险提高。目前澳大利亚 NDC 中的干旱适应措施主要包括优化水资源管理、干旱风险管理、能力建设、供水和储水基础设施的建设,其中能力建设的重点为发展气候适应型农业。考虑到澳大利亚气候状况,通过节水灌溉等措施提高水资源利用效率,进行雨水收集和海水淡化,有利于缓解缺水压力。

其他大洋洲国家主要为小岛屿国家,淡水资源缺乏是很多小岛屿国家面临的一大威胁,这些国家对于温室气体排放的贡献极为有限,却极易受到气候变化的影响。四面环海的地理位置为海水淡化提供了便利,但这些国家的 NDC 中却较少提及这方面的内容,目前海水淡化技术尚不成熟,成本较高,可能是这些国家对该措施考虑较少的主要原因,需要发达国家适应资金的倾斜。此外,水污染也进一步导致小岛屿国家淡水资源的匮乏,因此需要加强污水处理和水质监测。大洋洲各国 NDC 中的干旱适应措施及其对应国家如表 5-10 所示。

表 5-10　大洋洲国家 NDC 中干旱适应措施

适应措施	国家
合理开发,优化水资源管理	澳大利亚、瓦努阿图、斐济、基里巴斯、密克罗尼西亚联邦
提高水资源利用效率	图瓦卢、基里巴斯
非常规水资源利用	巴布亚新几内亚、基里巴斯、瑙鲁
水质保护	巴布亚新几内亚、瑙鲁
干旱风险管理	澳大利亚、汤加、图瓦卢、所罗门群岛、瓦努阿图、密克罗尼西亚联邦、基里巴斯
能力建设	澳大利亚、纽埃、汤加、图瓦卢、所罗门群岛、巴布亚新几内亚、斐济、瓦努阿图、基里巴斯、瑙鲁、密克罗尼西亚联邦
公众参与	纽埃、汤加、斐济、基里巴斯、瑙鲁、密克罗尼西亚联邦
供水和储水基础设施	澳大利亚、图瓦卢、巴布亚新几内亚、瓦努阿图、基里巴斯、瑙鲁、密克罗尼西亚联邦
基于自然的解决方案	密克罗尼西亚联邦

（2）洪水适应措施

大洋洲小岛屿国家的适应措施比较全面。澳大利亚气候偏干旱,单位格点的洪水损失较低,未来两种气候变化情景下洪水损失均呈降低趋势,但洪水事件也时常发生,由于关注不足,可能会造成严重的损失。2023年1月,澳大利亚西部便遭遇了严重洪水事件,导致大量民宅被毁,数百人无家可归。同时,作为四面环海国家,海平面上升也可能导致沿海地区洪水的发生,因此需加强防洪设施建设,提高住宅等基础设施的防洪水平。大洋洲各国NDC中的洪水适应措施及其对应国家如表5-11所示。

表5-11 大洋洲国家NDC中洪水适应措施

适应措施	国家
基于自然的解决方案	萨摩亚、汤加、巴布亚新几内亚、斐济、瓦努阿图、瑙鲁、密克罗尼西亚联邦
洪水风险管理	澳大利亚、纽埃、汤加、图瓦卢、所罗门群岛、巴布亚新几内亚、瓦努阿图、密克罗尼西亚联邦、基里巴斯
能力建设	澳大利亚、纽埃、汤加、所罗门群岛、巴布亚新几内亚、斐济、瓦努阿图、基里巴斯、瑙鲁、密克罗尼西亚联邦
公众参与	纽埃、汤加、图瓦卢、斐济、瓦努阿图、巴布亚新几内亚、基里巴斯、瑙鲁、密克罗尼西亚联邦
基础设施	汤加、图瓦卢、斐济、瓦努阿图、巴布亚新几内亚、基里巴斯、瑙鲁

5.2.2　适应措施评分结果

在各缔约方国家中,美国、加拿大和俄罗斯的NDC报告中并未提及具体适应措施,也无法通过所在区域其他国家的平均水平进行评估,故视为数据缺失地区。而对于欧洲地区,只有摩尔多瓦、阿尔巴尼亚、塞尔维亚和摩纳哥四个国家的NDC中给出了具体适应措施,但这几个国家面积较小,经济发展水平也无法代替欧洲整体水平,因此将欧洲也视为数据缺失地区。全球其他地区洪水和干旱适应措施评分结果如图5-1和图5-2所示。

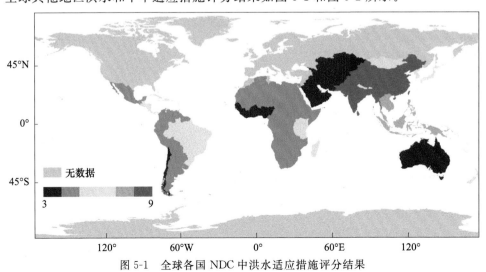

图5-1　全球各国NDC中洪水适应措施评分结果

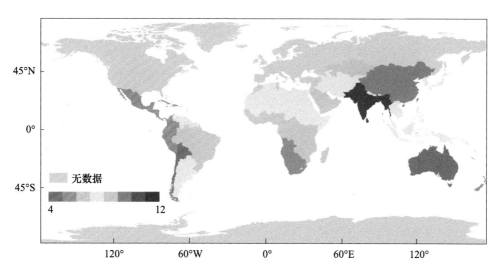

图 5-2　全球各国 NDC 中干旱适应措施评分结果

目前美国、加拿大、欧盟等很多国家的 NDC 中缺乏适应措施相应的内容。NDC 报告中的适应信息不仅可以明确各国在适应气候变化的努力,促进全球气候变化适应进程,同时还有利于各国相互借鉴,构建一个完善的全球气候变化适应体系。

部分国家洪水和干旱适应措施不足,如巴西等洪水损失较为严重国家的洪水适应措施评分较低,西亚和除哈萨克斯坦外的中亚国家干旱损失较为严重,干旱适应措施评分较低,说明对应的适应措施不足或不够全面。

有些国家对于灾害类型的关注不够全面,如中亚、西亚、澳大利亚这样一些干旱较多,洪水相对较少的地区,对于洪水的适应关注明显不足,气候变化背景下,这些地区未来洪水风险提高,缺乏对应的应急预案和基础设施很可能会导致严重的经济损失和人员伤亡。

5.3　结　　论

本研究中的评分系统还存在不足之处,但为全球气候变化适应的评估框架的构建做出了积极的尝试。目前评分系统最主要的问题在于,部分缔约方国家的适应措施提出的灾害风险管理并未明确表明应对于哪种灾害,对于这种情况,在评分过程中便认为其同时考虑了洪水和干旱两种灾害的适应,但这些国家在适应措施具体落实过程中可能会以国家过去灾害发生的状况为准。以西亚国家为例,其灾害风险管理可能重点针对干旱灾害,这就会导致对其洪水适应评分的高估。而在气候变化背景下,西亚地区未来洪水风险会大幅提高,对洪水的适应又是非常必要的。

在全球升温趋势短期内不可逆的背景下,气候变化的适应得到了越来越多的关注,适应成为《巴黎协定》各缔约方所提交 NDC 中重要的组成部分。将适应纳入 NDC 中,一方面,可以明确各国适应需求,对气候变化资金进行合理分配,符合《巴黎协定》提出"共同但有区别的责任"原则,另一方面,可以促进各国积极适应气候变化,减少气候灾害损失,有利于全球适应体系建设。

从目前各国提交最新版 NDC 报告来看,绝大多数国家都将对于洪水和干旱的适应纳入考虑中。对适应措施分析的主要结果如下。

①各国对于洪水和干旱适应的重视程度会受到气候条件的影响,但并不完全相关,很多国家的适应措施仍存在较大的不足。

②部分地区未来灾害风险变化的评估不足。适应措施较灾害损失有着明显的滞后性,即灾害发生并造成较大损失后才得到足够的重视。西亚、中亚和澳大利亚等地区过去洪水灾害较少,NDC 中的适应措施较少提及洪水的适应,对于气候变化背景下,这些地区洪水风险上升,可能会因为缺乏关注而遭受较大损失。

③部分国家 NDC 中提出的灾害风险管理未提及具体灾害,因此在具体实施过程中,需要综合考虑历史灾害状况和未来灾害风险的变化。

④重视贫困和小岛屿发展中国家气候变化的适应。这些国家对温室气体排放的贡献极为有限,却极易受到气候变化的影响。从目前的适应措施来看,这些国家 NDC 中的适应措施,尤其是干旱适应措施有所缺乏。国际气候资金应向这些国家倾斜,用以提高其气候变化的适应能力。

第6章

结论与展望

本书计算了全球洪水经济损失和农业干旱损失状况,对比损失区域差异,分析了未来不同排放情景下的损失变化情况。在此基础上,对《巴黎协定》各缔约方 NDC 中洪水和干旱适应措施进行了汇总和评估。基于以上研究,本书得出以下主要结论。

①历史时期,单位面积洪水损失较大的区域主要位于东亚的朝鲜半岛和日本地区、中国东南部、欧洲南部、美国东部、美国中部、东南亚地区以及地中海沿岸等地。洪水损失主要出现在工业、商业和住宅部门。未来两种排放情景下,全球大部分区域的洪水损失较历史水平都有所增加,高排放情景下增加幅度更大,其中低排放情景下各分区损失增加的中位数为72%左右,高排放情景下达到 116%左右。

②作物产量和干旱之间存在相关关系,SPI 可解释约 10%的产量变化,其中 1～3 个月的短期干旱对作物产量的影响最明显。在不同干旱条件下,全球大部分地区产量都出现了不同程度的减少,但空间差异显著,而随着干旱程度的提高,作物产量损失程度也在提高。历史作物产量损失范围主要为 0～20%,未来两种排放情景下,干旱损失状况类似,较历史水平有较大提高。

③各国对洪水和干旱适应的重视程度会受到当地气候条件的影响,但不完全相关,其中中国、南亚和东南亚等地的洪水适应措施较为全面,中国、哈萨克斯坦和非洲东南部等地干旱适应措施较为全面。很多国家的适应措施存在不足,主要体现在对于灾害的类型和未来风险变化评估的不足。美国、加拿大等部分发达国家 NDC 报告中缺少适应部分的内容,不利于全球气候变化适应体系的构建。

本书研究中,对于洪水损失的计算方法,采用的是根据洪水深度-损失曲线进行计算,相比于基于过程的洪水计算方法,计算结果精度会较差。受到全球干旱损失数据的限制,选择利用农业干旱损失来分析全球的干旱损失状况,虽然农业是干旱损失的主要来源之一,但干旱同样会给工业、林业等部门造成影响,在未来可以结合 EM-DAT 等灾害数据集对全球干旱损失进行全面的估计。对于干旱指标,本研究选择了 SPI,而 SPI 指数只考虑了降水条件,除降水外,蒸散发条件、大气环流以及人类活动等都会对干旱状况产生影响,因此后续研究可以考虑选择更合适的干旱指标,如 SPEI 或 PDSI 等。

在适应措施的评估过程中,只分析了各国 NDC 中的相关措施,而很多国家的适应措施记载于国家适应计划等国家报告中,未来可以结合这些文件进行更全面的统计。同时也希望各国能够完善 NDC 中的适应内容,统一适应部分结构,共同构建一个完善的全球气候变化适应体系,减少气候变化带来的损失。

参考文献

卞洁,李双林,何金海,2011. 长江中下游地区洪涝灾害风险性评估[J]. 应用气象学报,22(5):604-611.

陈海山,范苏丹,张新华,2009. 中国近50a极端降水事件变化特征的季节性差异[J]. 大气科学学报,32(6):744-751.

陈活泼,2013. CMIP5模式对21世纪末中国极端降水事件变化的预估[J]. 科学通报,58(8):743-752.

陈敏鹏,2020.《联合国气候变化框架公约》适应谈判历程回顾与展望[J]. 气候变化研究进展,16(1):105-116.

陈亚宁,徐长春,杨余辉,等,2009. 新疆水文水资源变化及对区域气候变化的响应[J]. 地理学报,64(11):1331-1341.

陈贻健,2016. 国际气候变化法中适应议题论争的法律应对[J]. 行政与法(12):106-114.

丁一汇,任国玉,石广玉,等,2006. 气候变化国家评估报告(I):中国气候变化的历史和未来趋势[J]. 气候变化研究进展,2(1):3-8.

杜懿,王大洋,阮俞理,等,2020. 中国地区近40年降水结构时空变化特征研究[J]. 水力发电,46(8):19-23.

江洁,周天军,张文霞,2022. 近60年来中国主要流域极端降水演变特征[J]. 大气科学,46(3):707-724.

鞠笑生,邹旭恺,张强,1998. 气候旱涝指标方法及其分析[J]. 自然灾害学报(3):52-58.

李婵娟,杨林生,李海蓉,2016. 非洲旱灾的时序变化及健康风险评估[J]. 热带地理,36(5):744-752. DOI:10.13284/j.cnki.rddl.002883.

李克让,1999. 中国干旱灾害研究及减灾对策[M]. 郑州:河南科学技术出版社.

李铭宇,韩婷婷,郝鑫,2020. 欧亚大陆极端降水事件的区域变化特征[J]. 大气科学学报,43(4):687-698.

刘昌明,魏忠义,1989. 华北平原农业水文及水资源[M]. 北京:科学出版社.

刘莉红,翟盘茂,郑祖光,2008. 中国北方夏半年最长连续无降水日数的变化特征[J]. 气象学报(3):474-477.

罗伯特·C. 布瑞尔斯,程冠飞,2015. 洪水防治:欧洲的五大经验[J]. 中国三峡(1):88-91.

宁亮,钱永甫,2008. 中国年和季各等级日降水量的变化趋势分析[J]. 高原气象(5):1010-1020.

舒章康,李文鑫,张建云,等,2022. 中国极端降水和高温历史变化及未来趋势[J]. 中国工程科学,24(5):116-125.

王毅,刘爽,周庆亮,等,2021. 基于不同灾害数据的1985—2019年南亚和东南亚洪水变化特征分析[J]. 气象,47(11):1416-1425.

王志福,钱永甫,2009. 中国极端降水事件的频数和强度特征[J]. 水科学进展,20(1):1-9.

吴梦雯,罗亚丽,2019. 中国极端小时降水 2010—2019 年研究进展[J]. 暴雨灾害,38(5):502-514.

许崇海,罗勇,徐影,2010. IPCC AR4 多模式对中国地区干旱变化的模拟及预估[J]. 冰川冻土(5):
867-874.

徐尔灏,1950. 论年雨量之常态性[J]. 气象学报,21(1-4):17-34.

姚俊英,朱红蕊,南极月,等,2012. 基于灰色理论的黑龙江省暴雨洪涝特征分析及灾变预测[J]. 灾害学,27
(1):59-63.

于飞,崔惠娟,葛全胜,2022. "一带一路"沿线国家的自主贡献中水资源相关适应措施评估[J]. 气候变化研
究进展,18(1):70-80.

翟盘茂,潘晓华,2003. 中国北方近 50 年温度和降水极端事件变化[J]. 地理学报,58(增刊):1-10.

翟盘茂,王萃萃,李威,2007. 极端降水事件变化的观测研究[J]. 气候变化研究进展(3):144-148.

张婷,魏凤英,2009. 华南地区汛期极端降水的概率分布特征[J]. 气象学报,67(3):442-451.

AGUIAR F C,BENTZ J,SILVA J M N,et al,2018. Adaptation to climate change at local level in Europe:An
overview[J]. Environmental Science & Policy(86):38-63.

ALEXANDER L V,ZHANG X,PETERSON T C,et al,2006. Global observed changes in daily climate ex-
tremes of temperature and precipitation[J]. Journal of Geophysical Research:Atmospheres,111(D05109):
1-22.

ALEXANDER L V,FOWLER H J,BADOR M,et al,2019. On the use of indices to study extreme precipita-
tion on sub-daily and daily timescales[J]. Environmental Research Letters,14(12):125008.

ALFIERI L,BISSELINK B,DOTTORI F,et al,2017. Global projections of river flood risk in a warmer
world[J]. Earth's Future,5(2):171-182.

ALFIERI L,DOTTORI F,BETTS R,et al,2018. Multi-model projections of river flood risk in Europe under
global warming[J]. Climate,6(1):6.

ALLAN R P,SODEN B J,2008. Atmospheric warming and the amplification of precipitation extremes[J].
Science,321(5895):1481-1484.

ANDERSON R,BAYER P E,EDWARDS D,2020. Climate change and the need for agricultural adaptation
[J]. Current Opinion in Plant Biology(56):197-202.

ASHCROFT L,KAROLY D J,DOWDY A J,2019. Historical extreme rainfall events in southeastern Aus-
tralia[J]. Weather and Climate Extremes(25):100210.

BAI P,LIU X,LIANG K,et al,2016. Investigation of changes in the annual maximum flood in the Yellow
River basin,China[J]. Quaternary International(392):168-177.

BARICHIVICH J,GLOOR E,PEYLIN P,et al,2018. Recent intensification of Amazon flooding extremes driven by strengthened Walker circulation[J]. Science Advances,4(9):8785.

BECK H E,ZIMMERMANN N E,MCVICAR T R,et al,2018. Present and future Köppen-Geiger climate classification maps at 1-km resolution[J]. Scientific Data,5(1):1-12.

BERRANG-FORD L,FORD J D, PATERSON J, 2011. Are we adapting to climate change? [J]. Global Environmental Change,21(1):25-33.

BLÖSCHL G,HALL J,VIGLIONE A,et al,2019. Changing climate both increases and decreases European river floods[J]. Nature,573(7772):108-111.

BOULANGE J,HANASAKI N,YAMAZAKI D,et al,2021. Role of dams in reducing global flood exposure under climate change[J]. Nature Communications,12(1):417.

BOUWER L M,AERTS J C J H,2006. Financing climate change adaptation[J]. Disasters,30(1):49-63.

BURKE E J, BROWN S J, CHRISTIDIS N, 2006. Modeling the recent evolution of global drought and projections for the twenty-first century with the Hadley Centre climate model[J]. Journal of Hydrometeorology,7(5):1113-1125.

CHEN H,SUN J,CHEN X,2014. Projection and uncertainty analysis of global precipitation-related extremes using CMIP5 models[J]. International Journal of Climatology,34(8):2730-2748.

CHEN H,SUN J,2015. Changes in drought characteristics over China using the standardized precipitation evapotranspiration index[J]. Journal of Climate,28(13):5430-5447.

CHHIN R,OEURNG C,YODEN S,2020. Drought projection in the Indochina Region based on the optimal ensemble subset of CMIP5 models[J]. Climatic Change,162(2):687-705.

CHINITA M J,RICHARDSON M,TEIXEIRA J,et al,2021. Global mean frequency increases of daily and sub-daily heavy precipitation in ERA5[J]. Environmental Research Letters,16(7):074035.

CHRISTIAN J I,BASARA J B, HUNT E D, et al, 2021. Global distribution, trends, and drivers of flash drought occurrence[J]. Nature Communications,12(1):6330.

CONTRACTOR S,DONAT M G,ALEXANDER L V,et al,2020. Rainfall Estimates on a Gridded Network (REGEN)-A global land-based gridded dataset of daily precipitation from 1950 to 2016[J]. Hydrology and Earth System Sciences,24(2):919-943.

CRAN M,DURAND V,2015. Review of the integration of water within the intended nationally determined contributions(INDCs) for COP21[N]. French Water Partnership(FWP)and Coalition Eau,1-10.

CURTIS S,2019. Means and long-term trends of global coastal zone precipitation[J]. Scientific Reports,9 (1):1-9.

DAI A, 2011. Characteristics and trends in various forms of the Palmer Drought Severity Index during 1900—2008[J]. Journal of Geophysical Research:Atmospheres,116(D12115):1-26.

DAI A, 2013. Increasing drought under global warming in observations and models[J]. Nature Climate

Change,3(1):52-58.

DANKERS R,ARNELL N W,CLARK D B,et al,2014. First look at changes in flood hazard in the Intersectoral Impact Model Intercomparison Project ensemble[J]. Proceedings of the National Academy of Sciences,111(9):3257-3261.

DANNENBERG A L,FRUMKIN H,HESS J J,et al,2019. Managed retreat as a strategy for climate change adaptation in small communities:public health implications[J]. Climatic Change,153(1):1-14.

DARWISH M M,TYE M R,PREIN A F,et al,2021. New hourly extreme precipitation regions and regional annual probability estimates for the UK[J]. International Journal of Climatology,41(1):582-600.

DÉQUÉ M,CALMANTI S,CHRISTENSEN O B,et al,2017. A multi-model climate response over tropical Africa at+ 2 ℃[J]. Climate Services(7):87-95.

DO H X,WESTRA S,LEONARD M,2017. A global-scale investigation of trends in annual maximum streamflow[J]. Journal of Hydrology(552):28-43.

DONAT M G,ALEXANDER L V,YANG H,et al,2013. Updated analyses of temperature and precipitation extreme indices since the beginning of the twentieth century:The HADEX2 dataset[J]. Journal of Geophysical Research:Atmospheres,118(5):2098-2118.

DONAT M G,LOWRY A L,ALEXANDER L V,et al,2016. More extreme precipitation in the world's dry and wet regions[J]. Nature Climate Change,6(5):508-513.

DONAT M G,ANGÉLIL O,UKKOLA A M,2019. Intensification of precipitation extremes in the world's humid and water-limited regions[J]. Environmental Research Letters,14(6):065003.

DOTTORI F,SALAMON P,BIANCHI A,et al,2016. Development and evaluation of a framework for global flood hazard mapping[J]. Advances in Water Resources(94):87-102.

DOTTORI F,SZEWCZYK W,CISCAR J C,et al,2018. Increased human and economic losses from river flooding with anthropogenic warming[J]. Nature Climate Change,8(9):781-786.

DU H,ALEXANDER L V,DONAT M G,et al,2019. Precipitation from persistent extremes is increasing in most regions and globally[J]. Geophysical Research Letters,46(11):6041-6049.

DUAN W, HE B, TAKARA K, et al, 2015. Changes of precipitation amounts and extremes over Japan between 1901 and 2012 and their connection to climate indices[J]. Climate Dynamics(45):2273-2292.

EASTERLING D R,MEEHL G A,PARMESAN C,et al,2000. Climate extremes:observations,modeling, and impacts[J]. Science,289(5487):2068-2074.

ERIKSEN S,ALDUNCE P,BAHINIPATI C S,et al,2011. When not every response to climate change is a good one:Identifying principles for sustainable adaptation[J]. Climate and Development,3(1):7-20.

ERIKSEN S H,NIGHTINGALE A J,EAKIN H,2015. Reframing adaptation:The political nature of climate change adaptation[J]. Global Environmental Change(35):523-533.

FALGA R,WANG C,2022. The rise of Indian summer monsoon precipitation extremes and its correlation with long-term changes of climate and anthropogenic factors[J]. Scientific Reports,12(1):1-11.

FENG L,ZHOU T,WU B,et al,2011. Projection of future precipitation change over China with a high-resolution global atmospheric model[J]. Advances in Atmospheric Sciences(28):464-476.

FRICH P A,DELLA-MARTA P,GLEASON B,et al,2002. Observed coherent changes in climatic extremes during the second half of the twentieth century[J]. Climate Research,19(3):193-212.

GIORGI F,LIONELLO P,2008. Climate change projections for the Mediterranean region[J]. Global and Planetary Change,63(2-3):90-104.

GIORGI F,RAFFAELE F,COPPOLA E,2019. The response of precipitation characteristics to global warming from climate projections[J]. Earth System Dynamics(10):73-89.

GOSWAMI B N,VENUGOPAL V,SENGUPTA D,et al,2006. Increasing trend of extreme rain events over India in a warming environment[J]. Science,314(5804):1442-1445.

GUO X,HUANG J,LUO Y,et al,2016. Projection of precipitation extremes for eight global warming targets by 17 CMIP5 models[J]. Natural Hazards(84):2299-2319.

GURRAPU S,CHIPANSHI A,SAUCHYN D,et al,2014. Comparison of the SPI and SPEI on predicting drought conditions and streamflow in the Canadian prairies[C]//Proceedings of the 28th Conference on Hydrology. American Meteorological Society Atlanta,USA:2-6.

HADJINICOLAOU P,GIANNAKOPOULOS C,ZEREFOS C,et al,2011. Mid-21st century climate and weather extremes in Cyprus as projected by six regional climate models[J]. Regional Environmental Change(11):441-457.

HAMMILL B A,PRICE-KELLY H,2017. Using NDCs,NAPs and the SDGs to advance climate-resilient development[R]. NDC Expert Perspectives,NDC Partnership,Washington DC,USA and Bonn,Germany.

HANEL M,BUISHAND T A,2011. Analysis of precipitation extremes in an ensemble of transient regional climate model simulations for the Rhine basin[J]. Climate Dynamics(36):1135-1153.

HARRISON S,KARGEL J S,HUGGEL C,et al,2018. Climate change and the global pattern of moraine-dammed glacial lake outburst floods[J]. The Cryosphere,12(4):1195-1209.

HAWCROFT M,WALSH E,HODGES K,et al,2018. Significantly increased extreme precipitation expected in Europe and North America from extratropical cyclones[J]. Environmental Research Letters,13(12):124006.

HEIM J R,RICHARD R,2002. A review of twentieth-century drought Indices used in the United States [J]. Bulletin of the American Meteorological Society,83(8):1149-1165.

HESSBURG P F,PRICHARD S J,HAGMANN R K,et al,2021. Wildfire and climate change adaptation of western North American forests:a case for intentional management[J]. Ecological Applications,31(8) e02432:1-17.

HIRABAYASHI Y,MAHENDRAN R,KOIRALA S,et al,2013. Global flood risk under climate change[J]. Nature Climate Change,3(9):816-821.

HOMDEE T,PONGPUT K,KANAE S,2016. A comparative performance analysis of three standardized climatic drought indices in the Chi River basin[J]. Thailand. Agriculture and Natural Resources(50): 211-219.

HOU Y Y,HE Y B,LIU Q H,TIAN G L,2007. Research progress on drought indices[J]. Chinese Journal of Ecology(26):892-897.

HU Z,ZHANG C,HU Q,et al,2014. Temperature changes in Central Asia from 1979 to 2011 based on multiple datasets[J]. Journal of Climate,27(3):1143-1167.

HU P,ZHANG Q,SHI P,et al,2018. Flood-induced mortality across the globe:Spatiotemporal pattern and influencing factors[J]. Science of the Total Environment(643):171-182.

HUIZINGA J,DE MOEL H,SZEWCZYK W,2017. Global flood depth-damage functions:Methodology and the database with guidelines[R]. Joint Research Centre(Seville site).

IPCC,2014. Climate Change 2014:impacts,adaptation and vulnerability[M]. Cambridge:Cambridge University Press.

IPCC,2021,Climate Change 2021:The Physical Science Basis. Contribution of Working Group I to the Sixth Assessment Report of the Intergovernmental Panel on Climate Change [Masson-Delmotte, V. ,Zhai P,Pirani A,Connors S L,Péan C,Berger S,Caud N,Chen Y,Goldfarb L,Gomis M I,Huang M,Leitzell K,Lonnoy E,Matthews J B R,Maycock T K,Waterfield T,Yelekçi O,Yu R,Zhou B(eds.)][M]. Cambridge University Press,Cambridge,United Kingdom and New York,NY,USA,2391 pp. doi:10. 1017/9781009157896.

ISHAK E H,RAHMAN A,WESTRA S,et al,2013. Evaluating the non-stationarity of Australian annual maximum flood[J]. Journal of Hydrology(494):134-145.

ISLAM S,CHU C,SMART J C R,2020. Challenges in integrating disaster risk reduction and climate change adaptation:Exploring the Bangladesh case[J]. International Journal of Disaster Risk Reduction(47):101540.

JONGMAN B,WARD P J,AERTS J C J H,2012. Global exposure to river and coastal flooding:Long term trends and changes[J]. Global Environmental Change,22(4):823-835.

JONGMAN B,WINSEMIUS H C,AERTS J C J H,et al,2015. Declining vulnerability to river floods and the global benefits of adaptation[J]. Proceedings of the National Academy of Sciences,112(18):E2271-E2280.

JONKMAN S N,2005. Global perspectives on loss of human life caused by floods[J]. Natural Hazards,34 (2):151-175.

KHARIN V V,ZWIERS F W,ZHANG X,et al,2013. Changes in temperature and precipitation extremes in the CMIP5 ensemble[J]. Climatic Change(119):345-357.

KIM Y H,MIN S K,ZHANG X,et al,2020. Evaluation of the CMIP6 multi-model ensemble for climate extreme indices[J]. Weather and Climate Extremes(29):100269.

KNAPP A K,BEIER C,BRISKE D D,et al,2008. Consequences of more extreme precipitation regimes for terrestrial ecosystems[J]. Bioscience,58(9):811-821.

KOLSTRÖM M,LINDNER M,VILÉN T,et al,2011. Reviewing the science and implementation of climate change adaptation measures in European forestry[J]. Forests,2(4):961-982.

KRON W,2005. Flood risk＝hazard • values • vulnerability[J]. Water International,30(1):58-68.

KRON W,BERZ G,2007. Flood disasters and climate change:trends and options. Global Change:Enough Water for all[M]. Hamburg:Auswertunfen:384.

KRUGER A C,2006. Observed trends in daily precipitation indices in South Africa:1910-2004[J]. International Journal of Climatology:A Journal of the Royal Meteorological Society,26(15):2275-2285.

KUNDZEWICZ Z W,1997. Water resources for sustainable development[J]. Hydrological Sciences Journal, 42(4):467-480.

KUNDZEWICZ Z W, RADZIEJEWSKI M, PIN'SKWAR I, 2006. Precipitation extremes in the changing climate of Europe[J]. Climate Research(31):51-58.

KUNDZEWICZ Z W,KANAE S,SENEVIRATNE S I,et al,2014. Flood risk and climate change:global and regional perspectives[J]. Hydrological Sciences Journal,59(1):1-28.

KUNDZEWICZ Z W,SU B,WANG Y,et al,2019. Flood risk and its reduction in China[J]. Advances in Water Resources(130):37-45.

LEHNER B,DOLL P,ALCAMO J,et al,2006. Estimating the impact of global change on flood and drought risks in Europe:a continental,integrated analysis[J]. Clime Change,75(3):273-299.

LEHNER F,COATS S,STOCKER T F, et al, 2017. Projected drought risk in 1.5 ℃ and 2 ℃ warmer climates[J]. Geophysical Research Letters,44(14):7419-7428.

LENG G,2017. Recent changes in county-level corn yield variability in the United States from observations and crop models[J]. Science of The Total Environment(607):683-690.

LENG G, HALL J, 2019. Crop yield sensitivity of global major agricultural countries to droughts and the projected changes in the future[J]. Science of the Total Environment(654):811-821.

LI L,YAO N,LI L D,et al,2019. Historical and future projected frequency of extreme precipitation indicators using the optimized cumulative distribution functions in China[J]. Journal of Hydrology(579):124170.

LIU W,SUN F,LIM W H,et al,2018. Global drought and severe drought-affected populations in 1.5 and 2 C warmer worlds[J]. Earth System Dynamics,9(1):267-283.

LIU T,SHI P,FANG J,2022. Spatiotemporal variation in global floods with different affected areas and the contribution of influencing factors to flood-induced mortality(1985-2019)[J]. Natural Hazards,111(3):

2601-2625.

MADSEN H,LAWRENCE D,LANG M,et al,2014. Review of trend analysis and climate change projections of extreme precipitation and floods in Europe[J]. Journal of Hydrology(519):3634-3650.

MANTON M J,DELLA-MARTA P M,HAYLOCK M R,et al,2001. Trends in extreme daily rainfall and temperature in Southeast Asia and the South Pacific:1961-1998[J]. International Journal of Climatology, 21(3):269-284.

MARENGO J A,JONES R,ALVES L M,et al,2009. Future change of temperature and precipitation extremes in South America as derived from the PRECIS regional climate modeling system[J]. International Journal of Climatology:A Journal of the Royal Meteorological Society,29(15):2241-2255.

MCKEE T B,DOESKEN N J,KLEIST J,1993. The relationship of drought frequency and duration to time scales[C]//Proceedings of the 8th Conference on Applied Climatology,17(22):179-183.

MERTZ O,HALSNAE S K,OLESEN J E,et al,2009. Adaptation to climate change in developing countries [J]. Environmental Management,43(5):743-752.

MOSER S C,EKSTROM J A,2010. A framework to diagnose barriers to climate change adaptation[J]. Proceedings of the National Academy of Sciences,107(51):22026-22031.

MURRAY V,EBI K L,2012. IPCC special report on managing the risks of extreme events and disasters to advance climate change adaptation(SREX)[J]. J Epidemiol Community Health,66(9):759-760.

NAJIBI N,MUKHOPADHYAY S,STEINSCHNEIDER S,2022. Precipitation scaling with temperature in the northeast US:variations by weather regime, season and precipitation intensity[J]. Geophysical Research Letters,49(8):e2021GL097100.

NAUMANN G,ALFIERI L,WYSER K,et al,2018. Global changes in drought conditions under different levels of warming[J]. Geophysical Research Letters,45(7):3285-3296.

NAUMANN G,CAMMALLERI C,MENTASCHI L,et al,2021. Increased economic drought impacts in Europe with anthropogenic warming[J]. Nature Climate Change,11(6):485-491.

NERI A,VILLARINI G,SLATER L J,et al,2019. On the statistical attribution of the frequency of flood events across the US Midwest[J]. Advances in Water Resources(127):225-236.

NGONGONDO C S,XU C Y,TALLAKSEN L M,et al,2011. Regional frequency analysis of rainfall extremes in Southern Malawi using the index rainfall and L-moments approaches[J]. Stochastic Environmental Research and Risk Assessment(25):939-955.

NOHARA D,KITOH A,HOSAKA M,et al,2006. Impact of climate change on river discharge projected by multi model ensemble[J]. Journal of Hydrometeorology(7):1076-1089.

NORBIATO D,BORGA M,SANGATI M,et al,2007. Regional frequency analysis of extreme precipitation in the eastern Italian Alps and the August 29,2003 flash flood[J]. Journal of Hydrology,345(3-4):149-166.

OIKONOMOU C,FLOCAS H A,HATZAKI M,et al,2008. Future changes in the occurrence of extreme precipitation events in eastern Mediterranean[J]. Global NEST Journal,10(2):255-262.

O'NEILL B C,TEBALDI C,VAN VUUREN D P,et al,2016. The scenario model intercomparison project (ScenarioMIP)for CMIP6[J]. Geoscientific Model Development,9(9):3461-3482.

PALMER W C,1968. Keeping track of crop moisture conditions,nationwide:the Crop Moisture Index[J]. Weatherwise(21):156-161.

PANDEY S,BHANDARI H S, HARDY B,2007. Economic Costs of Drought and Rice Farmers' Coping Mechanisms:A Cross-Country Comparative Analysis[M]. Int. Rice Res. Inst.

PAPALEXIOU S M,MONTANARI A,2019. Global and regional increase of precipitation extremes under global warming[J]. Water Resources Research,55(6):4901-4914.

PAPPENBERGER F,DUTRA E,WETTERHALL F,et al,2012. Deriving global flood hazard maps of fluvial floods through a physical model cascade[J]. Hydrology and Earth System Sciences,16(11):4143-4156.

PEI W,FU Q,LIU D,et al,2019. A novel method for agricultural drought risk assessment[J]. Water Resources Management,33(6):2033-2047.

PENDERGRASS A G,HARTMANN D L,2014. Changes in the distribution of rain frequency and intensity in response to global warming[J]. Journal of Climate,27(22):8372-8383.

QIANG Z,LANYING H,JINGJING L,et al,2018. North-south differences in Chinese agricultural losses due to climate-change-influenced droughts[J]. Theoretical and Applied Climatology,131(1):719-732.

RAI P,CHOUDHARY A,DIMRI A P,2019. Future precipitation extremes over India from the CORDEX-South Asia experiments[J]. Theoretical and Applied Climatology(137):2961-2975.

RITCHIE H,ROSER M,2014. Natural disasters[EB/OL]. Our World in Data. http:ourworldindata. org/ natural-disasters.

ROBINSON S,2020. Climate change adaptation in SIDS:A systematic review of the literature pre and post the IPCC Fifth Assessment Report[J]. Wiley Interdisciplinary Reviews:Climate Change,11(4):e653.

RODRIGUES D T,GONÇALVES W A,SPYRIDES M H C,et al,2020. Spatial distribution of the level of return of extreme precipitation events in Northeast Brazil[J]. International Journal of Climatology,40 (12):5098-5113.

SACKS W J,DERYNG D,FOLEY J A,et al,2010. Crop planting dates:an analysis of global patterns[J]. Global Ecology and Biogeography,19(5):607-620.

SAMPSON C C,SMITH A M,BATES P D,et al,2015. A high-resolution global flood hazard model[J]. Water Resources Research,51(9):7358-7381.

SANTOS P P,PEREIRA S,ZÊZERE J L,et al,2020. A comprehensive approach to understanding flood risk drivers at the municipal level[J]. Journal of Environmental Management(260):110127.

SHEFFIELD J,WOOD E F,RODERICK M L,2012. Little change in global drought over the past 60 years [J]. Nature,491(7424):435-438.

SHONGWE M E,VAN OLDENBORGH G J,VAN DEN HURK B,et al,2009. Projected changes in mean and extreme precipitation in Africa under global warming. Part I:Southern Africa[J]. Journal of Climate, 22(13):3819-3837.

SHONGWE M E,VAN OLDENBORGH G J,VAN DEN HURK B,et al,2011. Projected changes in mean and extreme precipitation in Africa under global warming. Part II:East Africa[J]. Journal of Climate,24 (14):3718-3733.

SOBRAL B S,DE OLIVEIRA-JUNIOR J F,DE GOIS G,et al,2019. Drought characterization for the state of Rio de Janeiro based on the annual SPI index:trends, statistical tests and its relation with ENSO[J]. Atmospheric Research(220):141-154.

SPINONI J,BARBOSA P,DE JAGER A,et al,2019. A new global database of meteorological drought events from 1951 to 2016[J]. Journal of Hydrology:Regional Studies(22):100593.

STEDINGER J R, VOGEL R M,1993. Foufoula-Georgiou E. Frequency analysis of extreme events[C]. // Maidment DR Handbook of Hydrology. New York:Mcaraw-Hill.

STROHMAIER R,RIOUX J,SEGGEL A,et al,2016. The agriculture sectors in the Intended Nationally Determined Contributions:analysis[R]. Environment and Natural Resources Management Working Paper. Rome:62.

STURIALE L,SCUDERI A,2019. The role of green infrastructures in urban planning for climate change adaptation[J]. Climate,7(10):119.

SUN X,LALL U,2015. Spatially coherent trends of annual maximum daily precipitation in the United States [J]. Geophysical Research Letters,42(22):9781-9789.

SUN Q,ZHANG X,ZWIERS F,et al,2021. A global,continental,and regional analysis of changes in extreme precipitation[J]. Journal of Climate,34(1):243-258.

SWAIN S,HAYHOE K,2015. CMIP5 projected changes in spring and summer drought and wet conditions over North America[J]. Climate Dynamics(44):2737-2750.

TANGANG F,SUPARI S,CHUNG J X,et al,2018. Future changes in annual precipitation extremes over Southeast Asia under global warming of 2 C[J]. APN Science Bulletin,8(1):3-8.

TANK A,PETERSON T,QUADIR D,et al,2006. Changes in daily temperature and precipitation extremes in central and south Asia[J]. Journal of Geophysical Research,111(D16105):1-8.

TIGRE M A,2019. Building a regional adaptation strategy for Amazon countries[J]. International Environmental Agreements:Politics,Law and Economics,19(4):411-427.

TIRIVAROMBO S,OSUPILE D,ELIASSON P,2018. Drought monitoring and analysis:standardised precipitation evapotranspiration index(SPEI)and standardised precipitation index(SPI)[J]. Physics and Chemistry of the Earth, Parts A/B/C(106):1-10.

TRAMBLAY Y, VILLARINI G, ZHANG W, 2020. Observed changes in flood hazard in Africa[J]. Environmental Research Letters, 15(10):1040b5.

TRENBERTH K E, 2011. Changes in precipitation with climate change[J]. Climate Research, 47(1-2): 123-138.

UNGANAI L S, MASON S J, 2001. Spatial characterization of Zimbabwe summer rainfall during the period 1920-1996[J]. South African Journal of Science, 97(9):425-431.

UNEP, 1997. World atlas of desertification 2ED. UNEP, London.

UNEP, 2021. Adaptation Gap Report 2020. Nairobi.

UNEP, 2022. Adaptation Gap Report 2022: Too Little, Too Slow - Climate adaptation failure puts world at risk. Nairobi.

USAID, 2016. Analysis of Intended Nationally Determined Contributions(INDCs). USAID, Washington D. C.

VAN VALKENGOED A M, STEG L, 2019. Meta-analyses of factors motivating climate change adaptation behaviour[J]. Nature Climate Change, 9(2):158-163.

VICENTE-SERRANO S M, LÓPEZ-MORENO J I, 2005. Hydrological response to different time scales of climatological drought: an evaluation of the Standardized Precipitation Index in a mountainous Mediterranean basin[J]. Hydrology and Earth System Sciences, 9(5):523-533.

VOGEL J, LETSON D, HERRICK C, 2017. A framework for climate services evaluation and its application to the Caribbean Agrometeorological Initiative[J]. Climate Services(6):65-76.

WANG X, HOU X, WANG Y, 2017. Spatiotemporal variations and regional differences of extreme precipitation events in the Coastal area of China from 1961 to 2014[J]. Atmospheric Research(197):94-104.

WANG Z, ZHANG Q, SUN S, et al, 2022. Interdecadal variation of the number of days with drought in China based on the standardized precipitation evapotranspiration index(SPEI)[J]. Journal of Climate, 35(6): 2003-2018.

WEIKMANS R, ASSELT H, ROBERTS J T, 2020. Transparency requirements under the Paris Agreement and their(un)likely impact on strengthening the ambition of nationally determined contributions(NDCs) [J]. Climate Policy, 20(4):511-526.

WESTRA S, FOWLER H J, EVANS J P, et al, 2014. Future changes to the intensity and frequency of short-duration extreme rainfall[J]. Reviews of Geophysics, 52(3):522-555.

WILBY R L, KEENAN R, 2012. Adapting to flood risk under climate change[J]. Progress in Physical Geography, 36(3):348-378.

WILSON K L, TITTENSOR D P, WORM B, et al, 2020. Incorporating climate change adaptation into marine protected area planning[J]. Global Change Biology,26(6):3251-3267.

WINSEMIUS H C,VAN BEEK L P H,JONGMAN B,et al,2013. A framework for global river flood risk assessments[J]. Hydrology and Earth System Sciences,17(5):1871-1892.

WOLF J,2011. Climate change adaptation as a social process. Climate Change Adaptation in Developed nations[M]. Dordrecht:Springer:21-32.

WU S Y,2015. Changing characteristics of precipitation for the contiguous United States[J]. Climatic Change (132):677-692.

WU Y,WU S Y,WEN J,et al,2016. Changing characteristics of precipitation in China during 1960—2012 [J]. International Journal of Climatology,36(3):1387-1402.

WU Y,POLVANI L M,2017. Recent trends in extreme precipitation and temperature over southeastern South America:The dominant role of stratospheric ozone depletion in the CESM Large Ensemble[J]. Journal of Climate,30(16):6433-6441.

YADDANAPUDI R,MISHRA A K,2022. Compound impact of drought and COVID-19 on agriculture yield in the USA[J]. Science of The Total Environment(807):150801.

YU C,HUANG X,CHEN H,et al,2018. Assessing the impacts of extreme agricultural droughts in China under climate and socioeconomic changes[J]. Earth's Future,6(5):689-703.

ZHAI P,ZHANG X,WAN H,et al,2005. Trends in total precipitation and frequency of daily precipitation extremes over China[J]. Journal of Climate,18(7):1096-1108.

ZHAN W,HE X,SHEFFIELD J,et al,2020. Projected seasonal changes in large-scale global precipitation and temperature extremes based on the CMIP5 ensemble[J]. Journal of Climate,33(13):5651-5671.

ZHANG Q,QI T,SINGH V P,et al,2015. Regional frequency analysis of droughts in China:a multivariate perspective[J]. Water Resources Management(29):1767-1787.

ZHAO Y,XU X,HUANG W,et al,2019. Trends in observed mean and extreme precipitation within the Yellow River Basin,China[J]. Theoretical and Applied Climatology(136):1387-1396.

ZOMER R J,XU J,TRABUCCO A,2022. Version 3 of the global aridity index and potential evapotranspiration database[J]. Scientific Data,9(1):409.